郑军◎主编

承载生命的符号

CHENGZAI SHENGMING DE FUHAO

江可达◎编著

山西出版传媒集团　山西教育出版社

图书在版编目（CIP）数据

承载生命的符号/江可达编著.—太原：山西教育出版社，2015.4（2022.6 重印）
（科学充电站/郑军主编）
ISBN 978-7-5440-7548-0

Ⅰ.①承… Ⅱ.①江… Ⅲ.①生命科学-青少年读物
Ⅳ.①Q1-0

中国版本图书馆 CIP 数据核字（2014）第 309887 号

承载生命的符号

责任编辑 韩德平
复　　审 李梦燕
终　　审 孙旭秋
装帧设计 陈　晓
印装监制 蔡　洁

出版发行 山西出版传媒集团·山西教育出版社
（太原市水西门街馒头巷 7 号　电话：0351-4729801　邮编：030002）
印　　装 北京一鑫印务有限责任公司
开　　本 890×1240　1/32
印　　张 6.375
字　　数 174 千字
版　　次 2015 年 4 月第 1 版　2022 年 6 月第 3 次印刷
印　　数 6 001—9 000 册
书　　号 ISBN 978-7-5440-7548-0
定　　价 39.00 元

卷首语

对于浩瀚无垠的宇宙来说，生命是一个奇迹！

生命现象既是一种物质现象，表达着物质存在规律，又在诠释着这种规律。而人类则自然地承负着解读生命奥秘的神圣使命，并对此有着本能的动力。在人类文明发展史上，无论是神秘的宗教，还是哲学、医学，甚至文学艺术之中都留有这个影子。

从更广泛的意义上来说，从人类诞生之日起，对生命奥妙的解读就已经开始了，并在这个漫长的生命奥妙探索旅程中留下了许许多多动人的故事。特别是近代科学史上达尔文进化论的横空出世，使人们对生命的起源有了全新的认识，而基因的发现更是使人类对生命的解读有了突破性的进展。

自1909年丹麦科学家约翰逊用“基因（gene）”这个词取代了孟德尔提出的“遗传因子”一词以来，在不足百年的时间里，“基因”研究便让生物科学大放异彩，衍生出许多新的科学词汇，诸如“优生学”“克隆”等人们耳熟能详的名词，不仅让人们对生物科学的兴趣大增，同时也产生了极大的社会影响。1990年启动的“人类基因组计划”曾以其宏大的规模与前瞻性被誉为继世界闻名的曼哈顿工程（原子弹计划）、阿波罗工程（登月计划）以后又一伟大的工程。

在生物工程的五大部分——基因工程、细胞工程、酶工程、蛋白质工程和微生物工程之中，基因工程是一项核心工程，目前已取得重大突破，其中人类基因组的测序工作已完成，经确认决定人类遗传性状的基因约为3.5万个。基因工程已看到了实现结构生命这一宏伟目标的曙光。也就是说，未来人们可以利用基因技术对生物进行基因改造，使之按人们的意愿生长，或者利用生物体生产人们想要的特殊产品，甚至按照既定设想创造出新的生命。

这意味着基因技术可以创造出人类想要的新物种这足以让基因科

学昂起值得骄傲的头颅。不过，从另一方面来说，尽管现实科学中基因工程大多以积极的面孔出现，并在农业、医药、生物化工领域崭露头角，取得令人欣喜的成果，但转基因食品一直受到社会的抵制，并深受反转基因人士的诟病。此外，诸多基因技术负向应用的可能性亦足以令人担忧。这方面主要表现在基因技术可以用来制造足以毁灭细胞生物的病毒，亦可以打破亿万年来生物自然进化的秩序，并在生物界造成混乱，挑战社会伦理。

《承载生命的符号》将从基因的发展历程、基因技术的现状以及基因科学的未来展望三个方面详细解读基因科学的前世今生，以及未来发展的种种可能性。并试图以此为读者描绘出基因科学的大致轮廓。

目录.

二

神奇的生物圈 16

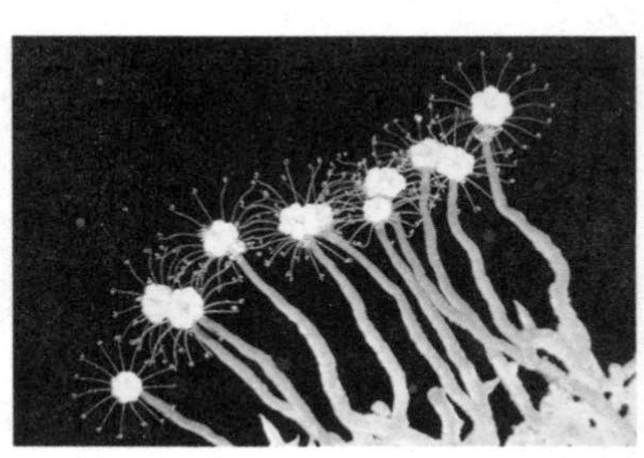

三

伟大的孟德尔 38

四

基因及其本质 54

五

基因工程 78

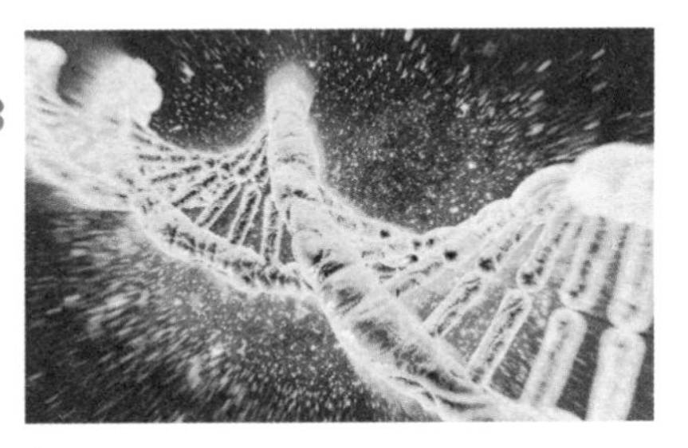

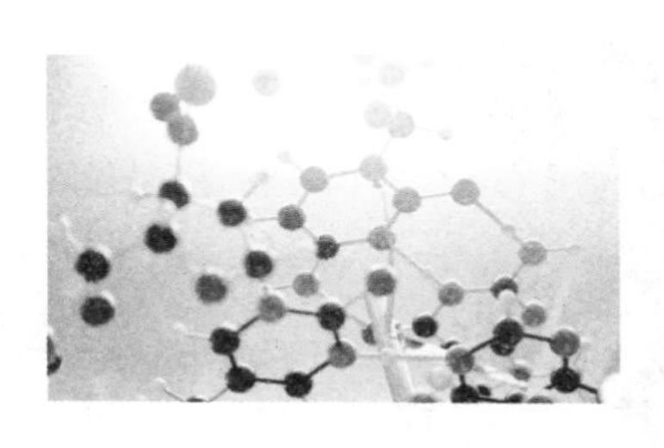

六

人类基因组计划 100

七

克隆技术与应用 124

八

基因经济 142

九

基因科学前景展望　162

十

基因工程与人类的未来　176

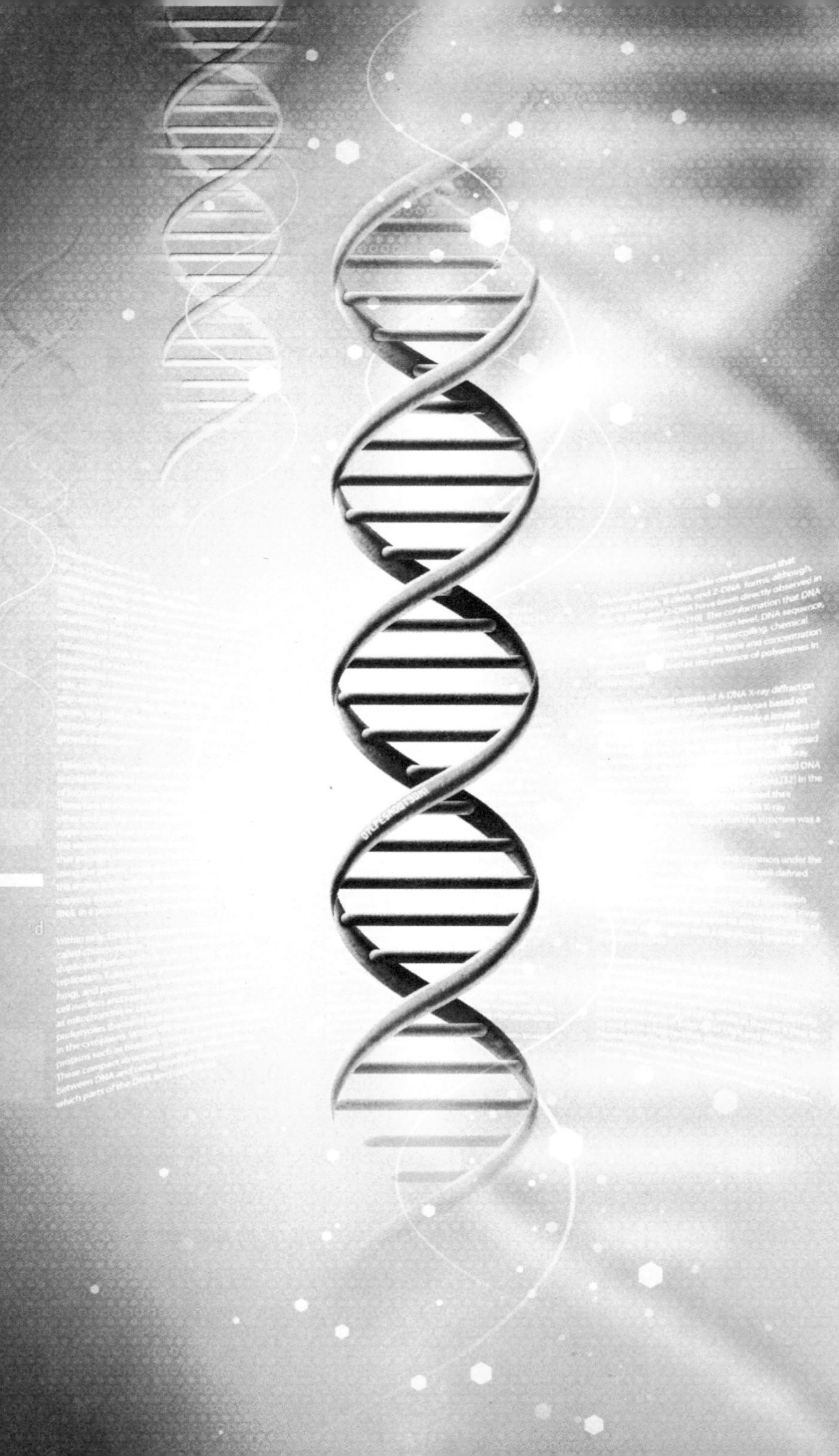

一　谁创造了生命

宇宙是如何诞生的？人类又是如何诞生的？如此这般的问题常常会萦绕在人们的脑际，令人百思不得其解。随着科学的发展，人们对宇宙的起源与人类的起源才有了逐步的认识，而这种认识到目前为止尚未达到透彻的程度。也就是说，人类科学尚不能完全证实宇宙诞生的过程，亦不能完全证实人类的诞生与进化的整个过程，当前存在的，只是神话传说与有现实意义的科学推论。

1 创世神话

在很久之前的中国古代，就曾有人对宇宙的起源与人类的起源进行过思考，而这种思考的成果大都包含在上古神话之中，并口碑相传至今。关于宇宙起源与人类起源的思想成果主要展现在中国古代神话传说“盘古开天”与“女娲造人”之中。在徐整《三五历纪》中记述的盘古开天的故事中讲道：“天地浑沌如鸡子，盘古生其中。万八千岁，天地开辟，阳清为天，阴浊为地。盘古在其中，一日九变，神于天，圣于地。天日高一丈，地日厚一丈，盘古日长一丈，如此万八千岁。”这段对宇宙诞生之始的描述的大意为：上古的时候，天和地混混沌沌结成一团，像个大鸡蛋，盘古就生长在这当中。经过一万八千年，天地分割，轻而清的阳气上升成为天，重而浊的阴气下沉成为地。盘古在天地之间，一天变化多次，智慧超过天，能力超过地。天每日升高一丈，地每日加厚一丈，盘古也每天长高一丈。这就是盘古开天的故事所描述的宇

△ 盘古开天图

宙诞生之初的情景。

在徐整另外一本著作《五运历年纪》中还有一段颇有价值的故事："首生盘古，垂死化身。气成风云，声为雷霆，左眼为日，右眼为月，四肢五体为四极五岳，血液为江河，筋脉为地理，肌肤为田土，发髭为星辰，皮毛为草木，齿骨为金石，精髓为珠玉，汗流为雨泽，身之诸虫，因风所感，化为黎甿。"这则神话故事的大意为：开天辟地时诞生的盘古，在他将死之时，将自己的整个身躯化成了世间的万千事物。他呼出的气成了风和云，发出的声音成了震耳的雷霆，左眼变成太阳，右眼变成月亮，头颅和四肢变成天地边缘的四根柱子和五岳名山，血液变成江河，筋脉变成山川道路，肌肤变成田土，头发和髭须变成天上的星星，身上的皮毛变成草木，牙齿和骨头变成矿物和岩石，汗水变成能润泽万物的雨露，就连寄生在他身上的各种小虫子，受到了风的吹拂，也都纷纷变成生活在大地上的黎民百姓。

这些也许就是中华先民们对宇宙万物最早的想象，而盘古开天也成为他们对宇宙最原始起源的理解和认识。当然，这也体现了中华先民们丰富的想象力，这种想象力的一个根本点就是宇宙是破壳而生的，如同鸡子可以孵出小鸡一般自然的联想与想象。

2 女娲造人

在中华上古神话中，女娲造人也是一个流传久远的故事。《太平御览》卷七十八引东汉泰山太守应劭所著《风俗通》载：“俗说天地开辟，未有人民，女娲抟黄土作人，剧务，力不暇供，乃引绳于泥中，举以为人。故富贵者，黄土人；贫贱凡庸者，引絙人也。”这则神话告诉我们，当天地初开的时候，大地上还没有人类，大神女娲抟了黄土来创造人类。由于工作量太大，她实在忙不过来，便去拿了一条绳子在泥巴中蘸了蘸，然后举起绳子来这么一挥洒，溅落的泥点，也都变成了一个个的活人。后人说，富贵的人是女娲亲手抟黄土造的，而贫贱的人是女娲用蘸过泥巴的绳子掉落的泥点子变的。

△ 女娲造人

比较而言，盘古开天总的来看是先民们对自然宇宙的想象，而女娲造人则掺入了封建等级观念，带上了人类社会的阶级色彩。在两则神话故事中的一个矛盾之处就是人类的起源，盘古开天中人类是由寄生在盘古身上的虫子变的，而女娲造人中的人类则起源于黄土。由此而言，先民们的想象仍然无法脱离生活中熟知的事物。

与中华先民对宇宙起源与人类起源的理解和想象相近，世界各民族都存在许多有关宇宙起源与人类起源的神话。在古希腊、古埃及、古巴比伦都有关于宇宙起源及人类起源的传说。与盘古开天的想象相近，在古希腊、古埃及、古巴比伦流传的神话中，也都记载着宇宙之初一片混沌的情景。

3 神创论时代

按历史发展的次序，在人类诞生以后的很长一段时间内，神创论一直占据对世界的本源问题上的统治地位，并影响到社会生活的方方面面。比如我国历史上，历代帝王都称君命天授、天命所归，或自称为天子，登基之时要祭天，遇到自然灾害也要祭祀神灵等。在西方社会，18世纪以前，神创论（也称“创世说”“创世论”或“特创论”）在西方学术界、知识界以及整个西方文化中具有决定性的影响。绝大多数人相信世界是上帝有目的地设计和创造的，由上帝制定的法则所主宰，是有序协调、安排合理、美妙完善且永恒不变的。神创论的思想也对那个时代的科学及哲学思想的形成产生了极大的影响。

△ 柏拉图雕像

比如，古希腊伟大的哲学家和思想家柏拉图（约公元前427—前347）及他的弟子亚里士多德（公元前384—前322）都是有神论者。在世界的本源问题上，亚里士多德认为，世界在时间上是没有开端的，神先于世界而存在，运动的第一因是神。因此，他认为第一动力是永恒的，是本能的，绝不可以想象一种动力的出现后才有了运动的存在。亚里士多德的思想一直影响了欧洲几百年，在这段时间中，大部分学者几乎都有一致的看法，即物种具有固定的本质，世界永恒不变。这在一定程度上也代表了人类文明发展的不同阶段所具有的思想特征。

此外，在关于世界起源的古代思想中，中华道家的思想堪称绝唱，历久弥新。中华道家认为："道生一，一生二，二生三，三生万物。"简单地说，道家认为世界的本源是道，其中所说的"一"是无极，"二"是阴与阳，"三"是由阴阳合成的太极。而这个太极就是万事万物的直接源头，其中既包括物质的宇宙，也包括各种生物。这种思想与神创论有本质的区别，是一种朴素的唯物主义思想。这种思想也是中医学思想以及中国古代哲学思想的一个源头。

历史上对人类起源的探索中，除了神创论外还曾存在过几种比较有影响的假设，一种是自生论，认为生命是由非生命物质自然而然产生的；一种是生源论，认为生命不可能自然产生，只能由同类生物通过繁殖而产生，代表人物是法国微生物学家巴斯德；一种是宇宙生命论，认为宇宙太空中的"生命胚种"可以随着陨石或其他途径跌落在地球表面，即成为最初的生命起点；还有一种是新自生论（化学进化说），认为地球上的生命是在地球温度逐步下降以后，在极其漫长的时间内，由非生命物质经过极其复杂的化学过程，一步一步地演变而成的。这一假说受到许多学者的支持，也是最接近当代科学对生命起源的看法的一种。

△ 亚里士多德雕像

综合而言，在人类有关世界起源以及生物与人的起源的诸多思想成果中，神创论占据了历史的大部分时间，而科学的兴起则为人类认识自然界与认识人类自身打开了一扇窗，由此，人类便自信地沿着科学道路探索至今。

4 科学启蒙——哥白尼与伽利略

15世纪末，欧洲的文艺复兴促进了科学的兴起，动摇了神创论的统治地位，科学与宗教神学也发生了激烈的冲撞。比较有代表性的是尼古拉·哥白尼的《天体运行论》，在这部科学著作中，哥白尼以翔实的实验观测数据彻底否定了宗教与神学中一直宣扬的地球中心说，并提出了太阳中心说。而这时，距离亚里士多德时代已过去了1800多年。

尼古拉·哥白尼1473年出生于波兰，23岁时，哥白尼来到文艺复兴的策源地意大利，在博洛尼亚大学和帕多瓦大学攻读法律、医学和神学。博洛尼亚大学的天文学家德·诺瓦拉对哥白尼影响极大，在他那里哥白尼学到了天文观测技术以及希腊的天文学理论。哥白尼经过长年的观察和计算，在40岁时提出了日心说，并完成了他的伟大著作《天体运行论》。1533年，60岁的哥白尼在罗马做了一系列的讲演，但直到他临近古稀之年才决定将它出版。1543年5月24日，生命垂危的哥白尼在病榻上收到了出版商寄来的《天体运行论》样书，他只摸了摸书的封面，便与世长辞了。哥白尼的“日心说”沉重地打击了教会的宇宙观，他的伟大成就，不仅铺平了通向近代天文学的道路，而且开创了整个自然科学向前迈进的新时代，开启了人类科学文明的新旅程。

▽ 哥白尼肖像画

哥白尼去世21年后的1564年，科学发展史上另一位重量级

人物，被誉为“近代科学之父”的伽利略·伽利雷诞生了。伽利略也是哥白尼的支持者之一，他最伟大的贡献之一是于1590年在比萨斜塔上用实验证明了“同物质同形状的两个质量不同的物体由同一高度下落时速度是相同的”（后来经考证他并没有做过此实验），从此推翻了亚里士多德“物体下落速度和质量成比例”的说法，纠正了这个持续了1900年之久的错误结论。（注：据《自然科学史》中记载，荷兰人斯台文在1586年使用两个重量不同的铅球完成了这个试验，并证明了亚里士多德的理论是错误的，这个时间比伽利略的实验早两年。）几个世纪以后，阿波罗15号宇航员大卫·兰道夫·斯科特于1971年8月2日在无空气的月球表面上用一把锤子和一根羽毛重复了这个试验，并让地球上的电视观众亲眼看到了这两个物体同时掉落在月球表面。

△ 伽利略

此外，伽利略的伟大贡献还表现在其在天文学领域的科学成果。1609年，伽利略发明了人类历史上第一台天文望远镜（后被称为伽利略望远镜），并用来观测天体。他发现了月球表面的凹凸不平，并亲手绘制了第一幅月面图。1610年1月7日，伽利略发现了木星的四颗卫星，为哥白尼学说找到了确凿的证据，标志着哥白尼学说开始走向胜利。借助于望远镜，伽利略还先后发现了土星光环、太阳黑子、太阳的自转、金星和水星的盈亏现象、月球的周日和周月天平动，以及银河是由无数恒星组成等等。这些发现开辟了天文学的新时代，也为人们寻找世界的起源开辟了科学的途径。

5 牛顿的贡献

1642年，正值伽利略与世长辞的这一年，科学发展史上又一重要人物艾萨克·牛顿于英格兰林肯郡伍尔索普村诞生了。在他45岁时发表了他的伟大著作《自然哲学的数学原理》，在该书中描述了万有引力定律和三大运动定律，并说明如何利用这些定律来准确预测行星绕日的运动。在科学发展史上，该书是一部划时代的巨著，也是人类掌握的第一个完整的、科学的宇宙论和科学理论体系，其影响所及遍布经典自然科学的所有领域，并在其后300年里一再取得丰硕成果。就人类文明史而言，它成就了英国工业革命，诱发了法国启蒙运动和大革命。迄今为止，还没有第二个重要的科学和学术理论，取得过如此之大的成就。

△ 艾萨克·牛顿

然而，令人遗憾的是，牛顿尽管创立了经典力学理论，实现了天体力学与地球上的物体力学的大统一，揭示出自然界力的特性，但仍然没有彻底摆脱神创论的影响。他在1692～1693年间答复本特莱大主教的四封信，论造物主（上帝）之存在，最为后人所诟病。所谓神臂就是第一推动力，便出自于第四封信。1942年，在爱因斯坦为纪念牛顿诞生300周年

而写的文章中，对牛顿的一生作如下的评价“只有把他的一生看作为永恒真理而斗争的舞台上的一幕才能理解他”。由此，我们似乎能够理解牛顿为什么在距离颠覆神创论一步之遥时而止步不前。

1727年，伟大的艾萨克·牛顿以85岁的高龄过世，与其他很多杰出的英国人一样，被埋葬在了曾经为修道院的威斯敏斯特圣彼得学院教堂。与哥白尼、伽利略等人与宗教神学的斗争相比，牛顿自然是很逊色的，但其在学术上的造诣却丝毫不逊于哥白尼、伽利略，他的贡献让人们距离揭开世界的起源更近了一步。

哥白尼、伽利略、牛顿在自然科学方面所取得的巨大成果直接或间接地促进了人类开始重新认识世界的起源与生物的起源。比较而言，人类对生物起源的认识要晚于人类对世界起源的认识。也就是说，人类在生物领域的科学成就要晚于人类在自然领域的科学成就。直到19世纪中叶达尔文进化论的诞生，才使世界第一次从科学的角度认识生物的起源。

客观地看，早期的科学家大都与宗教有较为密切的联系，而宗教思想也为人类早期认识宇宙，认识人类自身产生了较大的影响。科学的诞生则将人们的思维引入了一个全新的视角，而牛顿的成就与贡献在客观上起到了这种作用。

6 达尔文与他的进化论

1809年，查尔斯·罗伯特·达尔文出生在英国的施鲁斯伯里。当时，在经过文艺复兴以及思想启蒙之后，现代科学的理性思维已经建立起来。少年时期的达尔文便对神创论等谬说十分厌烦，常将大把的时间用在自然科学上。1831年，他大学毕业后，在导师约翰·史蒂文斯·亨斯洛的推荐下，以“博物学家”的身份参加同年12月27日英国海军“小猎犬号”舰环绕世界的科学考察航行。在航行期间，达尔文在动植物和地质方面进行了大量的观察和采集，经过综合探讨，得出了他的自然选择理论，并于1859年出版了在当时学术界引起极大震动的《物种起源》一书。书中用大量资料证明了形形色色的生物都不是上帝创造的，而是在遗传、变异、生存斗争和自然选择中，由简单到复杂由低等到高等，不断发展变化的，并提出了生物进化论学说，从而摧毁了各种唯心主义的神创论和物种不变论。恩格斯将“进化论”列为19世纪自然科学的三大发现之一（其他两大发现分别是细胞学说、能量守恒和转化定律）。

△查尔斯·罗伯特·达尔文

《物种起源》一书沉重地打击了神权统治的根基，引起了教会的激烈反对。他们群起而攻之，诬蔑达尔文的学说“亵渎圣灵”，触犯“君权神授天理”，有失人类尊严。但也得到许多有识之士的赞赏和维护，以托马斯·亨利·赫胥黎为代表的进步学者，积极宣传和捍卫达尔文的进化论，并指出进化论轰开了人们的思想禁锢，启发和教育人们从宗教迷信的束缚下解放出来。

1882年4月19日，在进化论与神创论的激烈争论中，这位伟大的科学家因病逝世，人们把他的遗体安葬在牛顿的墓旁，以表达对这位科学家的敬仰。

“进化论”的诞生是科学史上的一个大事件，具有十分重要的意义，不仅让人们重新认识生命现象，也促使人们对宇宙起源与人类起源问题的研究更加深入与富有成效。经过几十年的努力，比利时天文学家和宇宙学家勒梅特在1932年首次提出了“大爆炸理论”，他认为宇宙开始于一个小的原始“超原子”的灾变性爆炸。1946年美国物理学家乔治·伽莫夫在勒梅特的基础上提出“大爆炸宇宙学说”，该理论认为宇宙经历过一个从热到冷的演化，在这个时期里，宇宙体系在不断地膨胀，使物质密度从密到稀地演化，如同一次规模巨大的爆炸。当前，在各种宇宙论中伽莫夫的理论已居于主导地位。

2005年，38 位诺贝尔奖得主公开发表声明“智慧设计论”（神创论观点）基本是不科学的。也就是说，神创论是不符合人类进化事实的。至此，神创论基本上在科学界落下帷幕。

7 大爆炸理论与宇宙的起源

达尔文的进化论描述的是物种的起源，而大爆炸理论则描述的是宇宙的起源。在该理论的描述中，早期的宇宙是一大片由微观粒子构成的均匀气体，温度极高，密度极大，且以很大的速率膨胀着。这些气体在热平衡下有均匀的温度，这统一的温度是当时宇宙状态的重要标志，因而称为宇宙温度。气体的绝热膨胀将使温度降低，使得原子核、原子乃至恒星系统这些冷物质得以相继出现。

1964年，美国贝尔电话公司年轻的工程师——阿诺·彭齐亚斯和罗伯特·威尔逊，在调试他们巨大的喇叭形天线时，出乎意料地接收到一种无线电干扰的背景噪声，而且在各个方向上信号的强度都一样，历时数月而无变化。两人经过仔细研究之后，发现这种噪声的波长在微波波段，对应有效温度为3.5 K的黑体辐射出的电磁波（它的波谱与达到某种热平衡状态的熔炉内的发光情况精确相符，这种辐射就是物理学家所熟知的“黑体辐射”）。后来，经过进一步测量和计算，得出背景辐射是温度近于2.7 K的黑体辐射，习惯称为宇宙微波背景辐射或3 K背景辐射。这个发现对宇宙大爆炸理论是一个非常有力的支持，也是继1929年哈勃发现星系谱线红移后的又一重大的天文发现。

宇宙微波背景辐射的发现，为观测宇宙开辟了一个新领域，也为各种宇宙模型提供了一个新的观测约束，它因此被列为20世纪60年代天文学的四大发现之一。彭齐亚斯和威尔逊也因此获得了1978年的诺贝尔物理学奖。瑞典科学院在颁奖决定中指出：这一发现，使我们能够获得很久以前宇宙创生时期所发生的宇宙过程的信息。至此，科学家对宇宙起源的认识达到了高峰。目前为止，宇宙大爆炸理论拥有众多的支持者，是被人们普遍接受的一种宇宙起源观点，但仍有待进一步深入与发展。

总的来说，以宇宙大爆炸理论为代表的科学对宇宙起源的认识和以进化论为代表的科学对物种起源的认识，既否定了神创论，又揭示了宇宙存在的真相和生物进化的事实。尽管，目前而言，这两种理论都存在缺陷，并存在不同层面的质疑，但仍然不失为人类思想与科学成果的瑰宝。

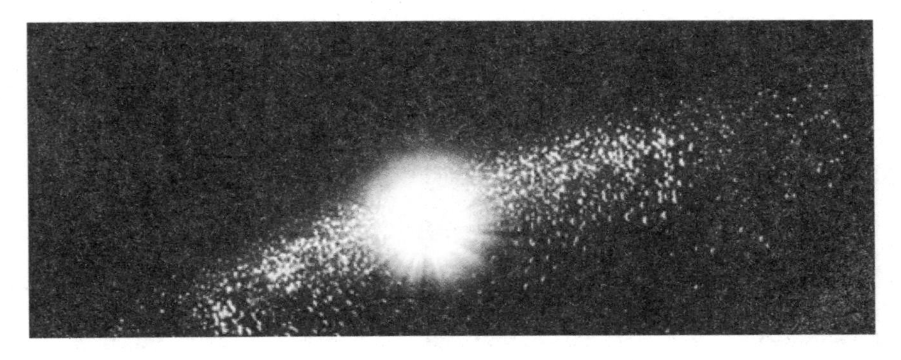

△ 宇宙大爆炸假想图

从古至今，回顾科学与宗教神学的碰撞，我们不能说宗教就是反科学的，相反，早期的自然科学都是在以自然神学为基础的社会状态下起步的。可以说，宗教神学也是培育科学的温床，因而我们可以理解，为什么早期的科学家大都有宗教信仰。而科学与神学分离的根本原因则是科学精神与科学方法，科学从一开始就崇尚实证精神以及批判与怀疑精神，这是推动科学发展的原始动力。科学的大门一经打开，就再也难以合拢，并成为探索未知世界的有力武器与工具，也成为启迪人类智慧、创新人类文明的重要方式与途径。

二 神奇的生物圈

通过上一章的叙述，我们大体上可以理解在对宇宙起源与人类起源的认识上经历了哪些过程，目前达到了什么样的水平与程度。本章将从现代生物学的角度出发，详细阐述地球生物的诞生过程与存在状况。

1 承载生物的地球

地球是人类唯一的家园，也是生物诞生的摇篮。按地质地理学的分法，地球的结构从地心到地表分三个层次，即地核、地幔、地壳。如果把地球内部结构做个形象的比喻，它就像一个鸡蛋，地核就相当于蛋黄，地幔就相当于蛋白，地壳就相当于蛋壳。

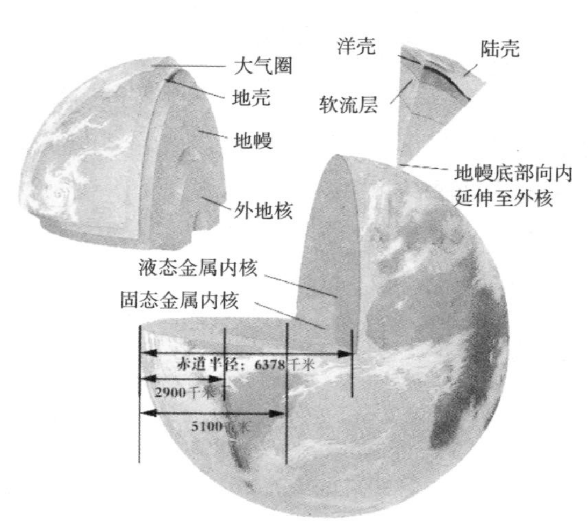

地壳是地球的最表层，如同一个蛋壳一样包裹着整个地球。它的平均厚度约17千米，其中大陆部分平均厚度约33千米，海拔高度较高的地区如青藏高原地壳的平均厚度可达60～70千米，海洋地壳较薄，平均厚度在6千米左右。地壳的组成物质通常为沉积岩、花岗岩、玄武岩等。其上层主要为由硅—铝氧化物构成的沉积岩和花岗岩层，因而也叫硅铝层；下层主要为由硅—镁氧化物构成的玄武岩层，也称硅镁层。海洋地壳几乎或完全没有花岗岩层，通常仅在玄武岩层的上面覆盖一层厚度约0.4～0.8千米的沉积岩。理论上认为地壳的温度会随着深度的增加而逐步升高，平均深度每增加1千米，温度就会升高约30℃。这就是我们脚下的地壳的基本组成特征与物理特性。

地壳以下是地幔，地幔的平均厚度约为2900千米，温度约1000℃～2000℃，这样高的温度足以使岩石熔化。所以，一般认为地幔顶部存在一个软流层，可能是岩浆的发源地；地幔下部温度、压力、密度均增大，物质可能呈可塑性固态。

地幔以下就是地核，也称地心。其物质组成以铁、镍为主，又分为内核和外核。内核约占地核直径的1/3，密度为10.5～15.5克/立方厘米，可能呈固态，其顶界面距地表约5100千米。外核的密度为9～11克/立方厘米，可能呈液态，其顶界面距地表约2900千米。推测外核可能由液态铁、镍（少量硅、硫等）组成，内核被认为是由刚性很高的，在极高压力下结晶的固体铁镍合金组成。地核中心的压力可达到350万个大气压，温度高达6000℃。地球中心的物质在长期高温、高压条件的作用下，犹如树脂和蜡一样具有可塑性，但对于短时间的作用力来说，却比钢铁还要坚硬。这就是承载人类的地球的主要结构特点。

一般来说，人类的活动基本上都是在地表进行的，即使有在地表以下的活动，也很少能到达地壳平均厚度的1/10。目前，世界上最深的地质勘探钻井为前苏联所创造，位于科拉半岛邻近挪威国界的地区，深度达12262米。整个勘探研究计划是在前苏联地质部长的直接领导下进行的，于1994年停止钻探。而停止钻探的一个原因据说是井内出现了一些“超自然现象”，而详情则很少为外界所知。

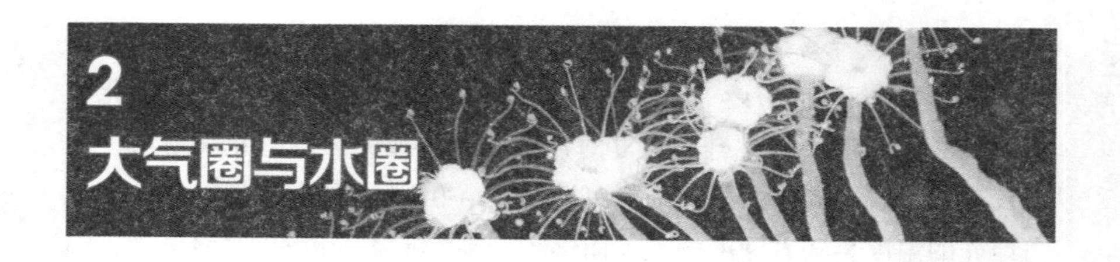

2 大气圈与水圈

除了地球的内部结构，我们仍需了解一下地球的外部环境。一般来说，地表之上的物质环境包括：大气圈、水圈、岩石圈。生物，就是在这样的物质环境中生存与演化的。

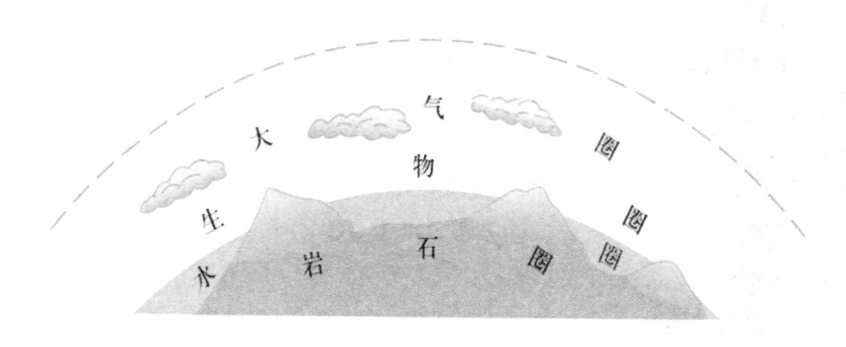

△ 地球外部圈层

大气圈是指包裹着地球的大气层，没有确切的边界，绝大部分大气集中在距地表10千米高度的范围之内，在2000～16000千米的高空仍有稀薄的气体和基本粒子。此外，在地表以下的土壤、水和某些岩石中也会有少量空气。大气的成分主要成分为氮气（约占78%）、氧气（约占21%），还有少量的二氧化碳、稀有气体和水蒸气。自然环境中的氧循环与碳循环是大气圈中至关重要的物质循环，也是各种生物及人类活动的重要保证。没有氧气，人类与需氧生物将无法存活；没有二氧化碳，绿色植物将无法生长。

除大气圈外，地球上的水圈对生命的存在也具有至关重要的作用。传统意义上的水圈包括海洋、江河、湖泊、沼泽、冰川和地下水等，是一个连续的但并不太规则的圈层。据科学测算，全球海洋总面积约3.6亿平方千米，约占地表总面积的71%。全球海洋的容积约为13.7亿立方千米，约占地球总水量的96.5%。如果地球的地壳是一个平坦光滑的球面，那么就会是一个表面被2600多米深的海水所覆盖的“水球”。

地球虽然有近四分之三的面积被水所覆盖，但人类真正能够利用的淡水资源却十分有限。据估计，地球上的淡水资源只有3500万立方千米左右，仅占总水量的2.53%，且主要分布在冰川与高山上的永久积雪（占68.70%）和地下水（占30.36%）中。如果考虑现有的经济、技术能力，扣除无法取用的冰川和高山顶上的冰雪储量，理论上可以开发利用的淡水不到地球总水量的1%。所以，淡水资源是一种十分宝贵的自然资源，保护淡水资源就是保护人类与地球生物的生存与延续。

众所周知，水是人和动物生命体的重要组成成分。据科学测算，人类在婴儿时期，体内含水量可达72%，到了成年时期，水的含量降到65%左右，其中约50%的水是人体细胞的主要成分。这也是生命诞生于海洋的一个依据，在达尔文的进化论中，曾着力论述了生物由水生到陆生的进化过程。

△ 地球的表面

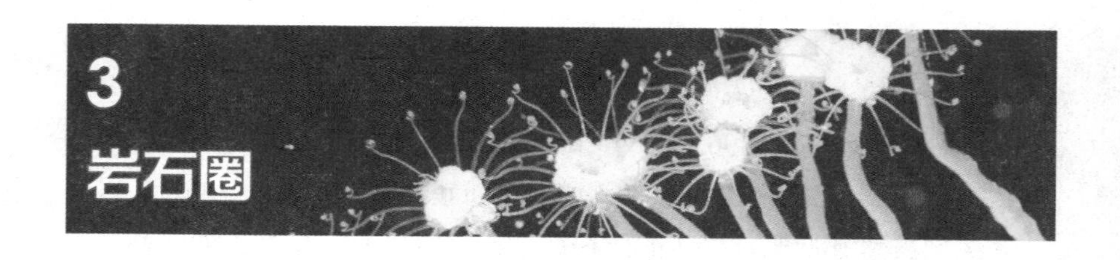

3 岩石圈

作为地球固体组成成分，地球的岩石圈也是地壳的一个基本结构特征。它包括全部地壳和上地幔的顶部两部分，从固体地球表面向下一直延伸到软流圈，平均厚度约为100千米。

由于岩石圈及其表面形态与现代地球物理学、地球动力学有着密切的关系，因此，岩石圈是现代地球科学中研究得最多、最详细、最彻底的固体地球部分。此外，岩石圈也是生命生存的物质基础，是人类活动的主要依托。人类生活所需的能源、食物、矿物、建材等，都来自地球的岩石圈。在岩石圈内部，地表以下，也存在生命现象，包括小型动物和大量的微生物。

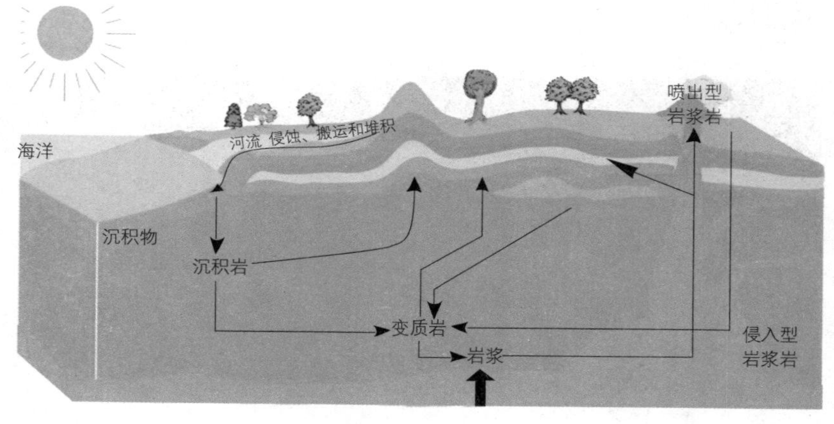

⚠ 岩石圈的物质循环

2013年3月，《参考消息》曾刊发了一篇题为“地下深处惊现微生物王国”的文章，文章中介绍了有关“深碳观测”计划的基本情况。该计划是预期10年、耗资5亿美金的国际科研项目。援引该项目负责人罗伯特·哈森的话："地下10多千米，或20千米的地方，非常有可能存在一个深层微生物圈。"文中指出，它们或许包含着生命起源的线索。可见，岩石圈并非仅是毫无生机的岩石，它也是孕育生物的温床。

总的来说，从地球的内部结构到地表的岩石圈、水圈与大气圈各自存在的状态来说，越接近地心，物质的比重越大；越远离地心，物质的比重就越轻。由此而言，"轻清者上浮而为天,重浊者下凝而为地"的古人的思想，似乎也有几分道理。但不论从何种角度来说推测生命的起源都无法抛开承载生命的地球。由此，我们可以做出以下的简单推论，姑且不论地球是如何诞生的，人类只能诞生于地球诞生之后，更准确点说，人类只能诞生于岩石圈、水圈与大气圈形成之后。如果抛开这些因素，事实上我们也无法理解生命的存在形式。

换个角度，从生物的组成成分来说，任何生物的构成物质都是地球物质。所以，生物也是物质存在的一种方式，表现着物质存在的一种规律。所以我们对生物的研究，也体现着对生物的承载体——地球的研究，更宏观地讲，体现着对整个宇宙的研究。而以这样一个角度来看待生命，我们才能最大程度上地接近生命，理解生命的本质，并从根本上理解基因科学的真谛。

4 原始生命的诞生过程

通过上一节的叙述，我们大致可以理解岩石圈、大气圈、水圈是承载生命的物质基础，也是生物有机体构成的物质来源。以人体为例，据科学测定，组成人体的化学元素约60多种，而这60多种化学元素在自然界中广泛存在，并非人体所独有。比如，构成人体的常量元素（在有机体内含量占体重的0.01 %以上的元素）碳、氧、氢、氮、磷、硫、钾、钠、钙、镁、氯都是自然界最为常见的元素。由此，我们是否可以得出一个简单的结论，地球环境中的岩石圈、大气圈和水圈决定着生命的起源!

我们今天所赖以生存的岩石圈、水圈、大气圈并非原始生命诞生之时的地球环境，而是经过了漫长的地质演变而形成的。现代科学所推测的地球和人类起源为我们描绘了如下的情景：

大约在66亿年前，银河系内发生过一次大爆炸，其碎片和散漫物质经过长时间的凝集，大约在46亿年前形成了太阳系，与此同时，地球开始形成。地球形成之初，宛如一个巨大的火球，地表上遍地岩浆，没有水，也没有大气。此后，经过漫长时间的演变，地壳才开始形成，也才有了大气和水。地球早期的大气中，不含氧气，主要成分是甲烷、氨、硫化氢和水蒸气等含氢化合物，现今的大部分生物都不能在其中生存。在地球早期大气形成之时，化学演化随之进行，在自然能源如闪电、紫外线、宇宙射线、火山喷发等的作用下，逐步形成了诸多的有机分子，并进一步形成如氨基酸、糖、腺苷和核苷酸等重要的单分子生命物质。

为了验证对生命物质诞生过程的推测，1953年，美国芝加哥大学研究生斯坦利·劳埃德·米勒在其导师哈罗德·克莱顿·尤里指导下做了一个著名的实验——米勒实验。这个实验过程为在一套特制的实验容器内输入模拟的原始大气成分，包括甲烷、氨气、氢气、水蒸气，并进行

△ 原始地球假想图

持续一周时间的模拟雷电的火花放电。实验结束时，共生成20种重要有机物，其中11种氨基酸中有4种（即甘氨酸、丙氨酸、天冬氨酸和谷氨酸）是生物蛋白质的组成成分。这个实验证明了原始大气由无机物合成小分子有机物是完全有可能的，从而有力地支持了相关的生命起源学说和进化论思想。

氨基酸、糖、核苷酸这些生物单体物质在一定条件下进一步聚合成生物大分子物质，如蛋白质、多糖、核酸等。在原始海洋里，随着时间的推移，自然合成的生物大分子浓度越来越高，最终形成了具有一定形态结构的分子实体，并进一步进化为最原始的生命。按科学推测，地球上原始生命出现的时间大约在36亿～37亿年前。地球上最早的生命形态很简单，一个细胞就是一个个体，它没有细胞核，我们称它为原核生物。所以，原核生物是地球上最早的生物。目前，地球上较为常见的原核生物有细菌和蓝藻。

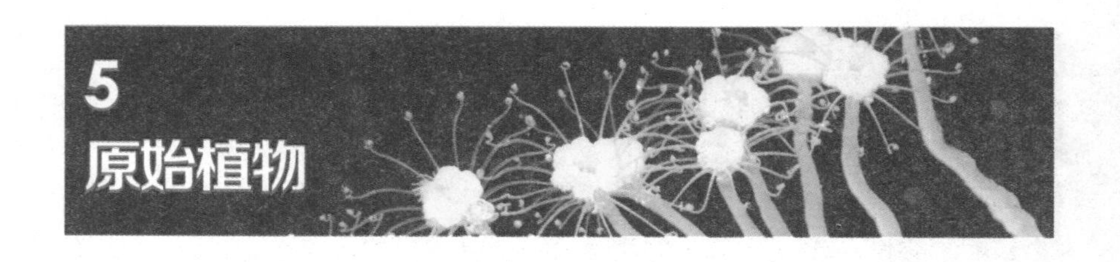

5 原始植物

地球早期的原核生物虽然只是以单个细胞的形态存在，但也具备了基本的生命特征，主要表现在：可以与环境进行交流，从环境中获得营养，并排出不需要的代谢物质；可以繁殖后代；具有遗传的能力，能够产生与上一代相同或大致相同的子代。由于地球早期的大气没有氧气，现代生物学中将原核生物归于厌氧生物一类。

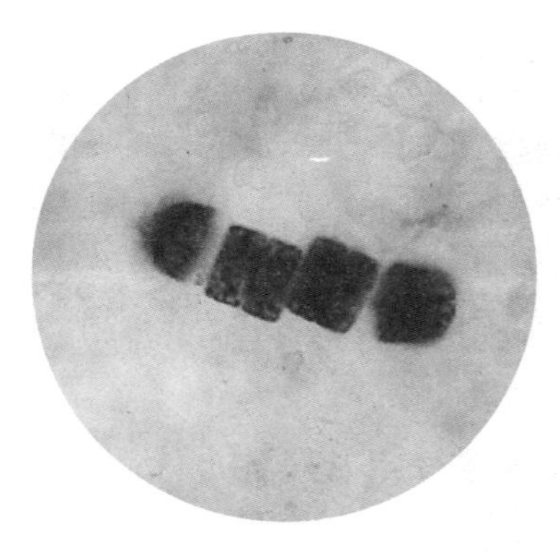

△ 蓝细菌化石

正是这类厌氧生物的存在，才改变了地球的大气成分，由厌氧生物代谢产生的氧气，不仅增加了水中的氧气含量，也增加了大气中的氧气含量。大约在20亿年前，地球上氧气含量达到了现在大气中氧含量的1%。氧含量的增加，为需氧型生物的产生创造了条件。这时的生物由异养生活过渡到自养生活，由无氧生活过渡到有氧生活，从而出现了真核细胞。也就是说，在原核生物经过约十几亿年的进化，才出现了真核生物。那么究竟什么是真核生物呢？真核生物是原核生物细胞体在核物质相对集中以后，又在外面包上了一层膜，如同鸡蛋一样，有了一个规则的蛋黄，这层膜也叫核膜。细胞核出现以后进一步分为核仁、核液和染色体，并促使细胞吞进其他细胞而成为其细胞内的叶绿体、线粒体、核糖体、溶酶体等。所以，真核细胞与原核细胞相比，体积变大了，内容也变复杂了，各个成分之间也有了分工与合作，这些变化为多细胞生物的形成提供了基础。科学家们推测，最早出现的真核生物可能

是单细胞真核藻类。可靠的真核细胞化石，如在山西永济地区，距今约13亿年的岩层中，发现的一种长椭球形的微体化石，其壳壁表面有螺旋分布的沟纹装饰，这与现代沼泽中的一种绿藻——螺带藻十分相似；在澳大利亚北部，距今约10亿年前的地层中，发现的真核细胞化石，其细胞形态状似绿球藻类，有的还处于细胞分裂阶段。

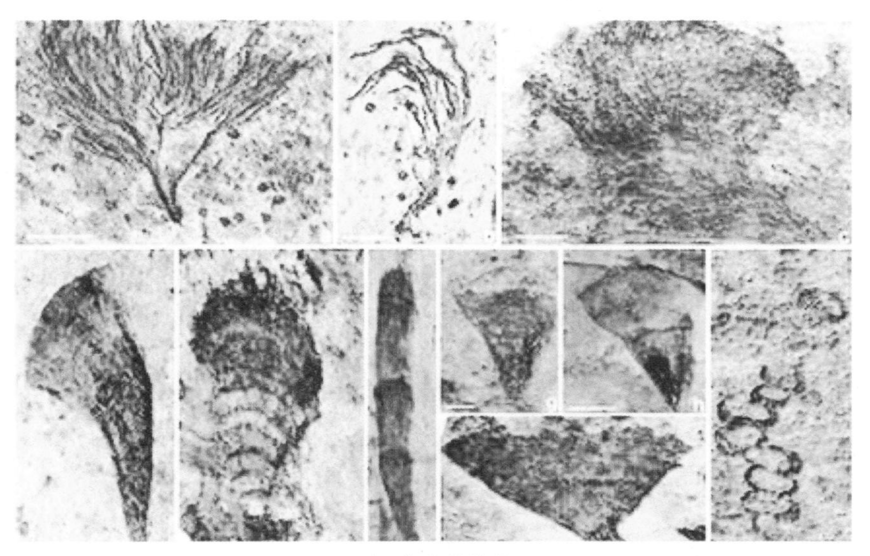

△ 藻类植物化石

随着真核细胞藻类的出现，地球迎来了藻类的空前繁盛。大约在8亿～5亿年前，多细胞藻类植物出现，并大量繁殖成为地球上的主要植物，标志着藻类植物时代（约在4亿年前结束）的到来。至此，真正意义上的原始植物诞生了。

从原核生物过渡到真核生物，完成细胞演化中最重要的一大步，是生物进化史上的一座里程碑。在这一过程中，首先原核细胞之间出现了联合或吞并，形成了真核细胞，然后真核细胞产生了分化，使得细胞的功能有所分工，进而出现了性别分化这一重要的生物特征，从而使生物的延续由无性繁殖进入到有性繁殖阶段，并为高级生命的诞生打下了基础。

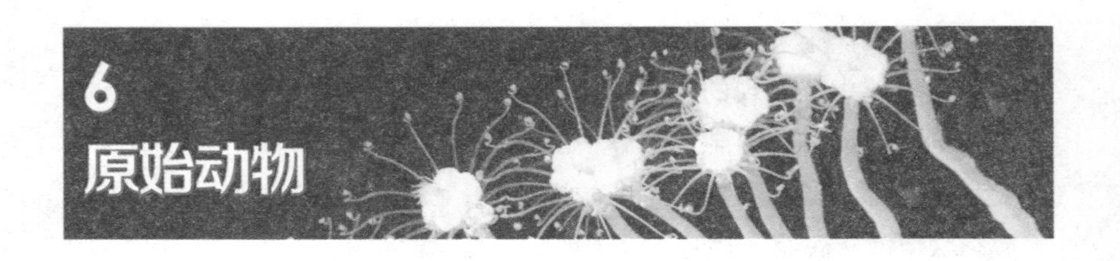

6 原始动物

地球上最早出现的植物是藻类植物，那么最早出现的动物是什么样的呢？科学研究认为，地球最早出现的动物可能是单细胞动物，它很可能是由单细胞的藻类进化而来的。在进化初期，动物与植物的界线是很难划分的，多数生物既有动物特征又有植物特征。比如，现存的单细胞眼虫，体内既有叶绿体，能进行光合作用，又长有鞭毛，能像动物一样在水中游动。

那么，纯粹意义上的单细胞动物到底是如何进化而来的呢？

△ 原始海洋生物——邓氏鱼

据生物学家推测，在距今约6亿年前，由于气候变暖，海水中真核单细胞藻类大量繁殖。由于竞争激烈，促使有些藻类充分利用细胞内的叶绿体进行光合作用，不断增强自身制造营养物质的本领。有些藻类为了生存、发展，不断应用其运动的本领，占据有利地段，甚至在危急情况下，攫取其他弱小的原核生物为食。长此以往，植物机能渐渐失去，相反，运动机能、消化机能及其他机能越来越强，最终进化成为单细胞原生动物。而这一切都是在海洋中进行的，真正的陆地生物还没有出现。

那么，陆地动物与植物又是如何诞生的呢？

生命在海洋中产生，并在海洋中发展壮大。约4亿年前，水域中的生物千姿百态，热闹非凡，植物已发展到大型藻类，动物也发展到低等的脊椎动物——鱼类。但陆地上的生命却十分罕见，到处是穷山秃岭，一片荒凉。这一时期，地壳运动强烈，古大西洋闭合，一些板块间发生了碰撞，地球表面普遍出现了海退现象，不少水域变成了陆地，有的海底崛起了高山。沧海巨变，对水中的生物产生了巨大影响。为了拥有更广阔的生存空间，一些植物开始了登陆的尝试，并进化出了适合陆地生存的特殊结构。同时，在海洋中生活的鱼类也不断进化，它们的鳍逐渐演变成足，鳃渐渐发展成肺，最终进化为适合陆地生活的两栖类动物。有科学家称，迄今为止发现的最原始的陆上植物是顶囊蕨的化石，距今约4.5亿年。近年来，我国古生物工作者在贵州省，距今约5.6亿年的地层中，发现了八臂仙母虫，这类化石在澳大利亚南部的埃迪卡拉地区也曾被发现，两地质时代大致相当。这表明，陆上生物最早出现的时间也许要比原来推测的时间早上2亿多年。当然，要确定陆地生物出现的准确时间是非常困难的，我们只需知晓生物进化的大致顺序即可。

△ 古生物——恐龙

7 现代生物的生存空间

生物的诞生过程是由无机小分子到有机小分子，再到多分子体系，最后出现原始生命。可以说，生物的出现是自然界的孕化之功。而动物细胞与植物细胞的分化亦是不同的细胞为适应不同的环境而形成的，在这个过程中，环境具有决定性作用。在生物进化过程中，植物先于动物产生，并为动物的诞生创造了良好的大气环境。

△ 古生物——剑齿虎

陆地生物的出现，使生物的进化方向更加广阔，并逐渐形成了丰富多彩的生物世界。地球上现存的生物，绝大部分生物集中在地面以上100米到水下200米这一薄层内，它们共同构成了一个有机的整体即生物圈。按生物科学对生物圈的描述：生物圈是地球上凡是出现并感受到生命活动影响的区域或空间的总和，它与岩石圈、水圈和大气圈一样，也是一个空间物理概念。同时，生物圈也是行星地球特有的圈层，是人类诞生和生存的空间。从组成成分来说，生物圈主要由生命物质、生物生成性物质和生物惰性物质三部分组成。生命物质又称活质，是生物有机体的总和。生物生成性物质是由具有生命物质成分的有机矿质和有机生成物，如煤、石油、泥炭和土壤腐殖质等。生物惰性物质是指大气低层的气体、沉积岩黏土矿物和水。生物圈是一个复杂的、全球性的开放系统，是一个生命物质与非生命物质的自我调节系统。

△ 古生物——猛犸象

如果把生物活动的空间做一个度量，从海平面向上高达23千米的大气层中，到海平面以下深达12千米的岩石圈或水圈的地方都存在生命现象。而据最新科学推测，在地表以下近20千米的地方仍然有微生物可以生存。

据科学估算，在生物进化史上曾经存在过的生物大约有5亿~10亿种之多，但绝大部分物种在漫长的生物演化过程中灭绝了。目前，地球上已经被定义、命名的生物约有500~1000万种（有的资料认为在200万种左右），然而许多学者估计全世界仍旧还有1000万种生物未被定义、命名，甚至尚未被人发现。

当然，科学对地球环境的了解仍然很有限，特别是对地球内部环境的认识只是以有限的科学实验和理论进行的科学推测。到目前为止，人类尚未进入过地表以下超过地壳厚度十分之一的深度，地下深层有无更多的生命，仍有待进一步探索和发现。

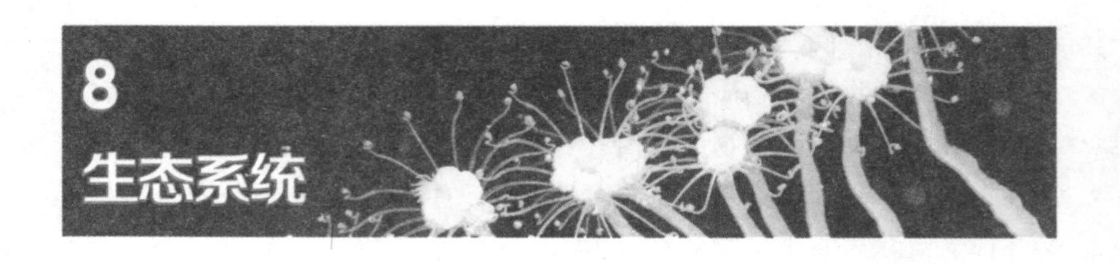

8 生态系统

地球生物，不论是动物还是植物，都直接或间接地以太阳能为生命活动的基本能量来源，而自然界的碳—氧循环也是生命活动所依赖的物质循环的基本方式。按自然界能量流动的顺序与作用，人们习惯于把生物划分为生产者、消费者、分解者三大主要类别。生产者主要是指绿色植物，它们可以通过光合作用将大气中的二氧化碳固定下来，合成有机

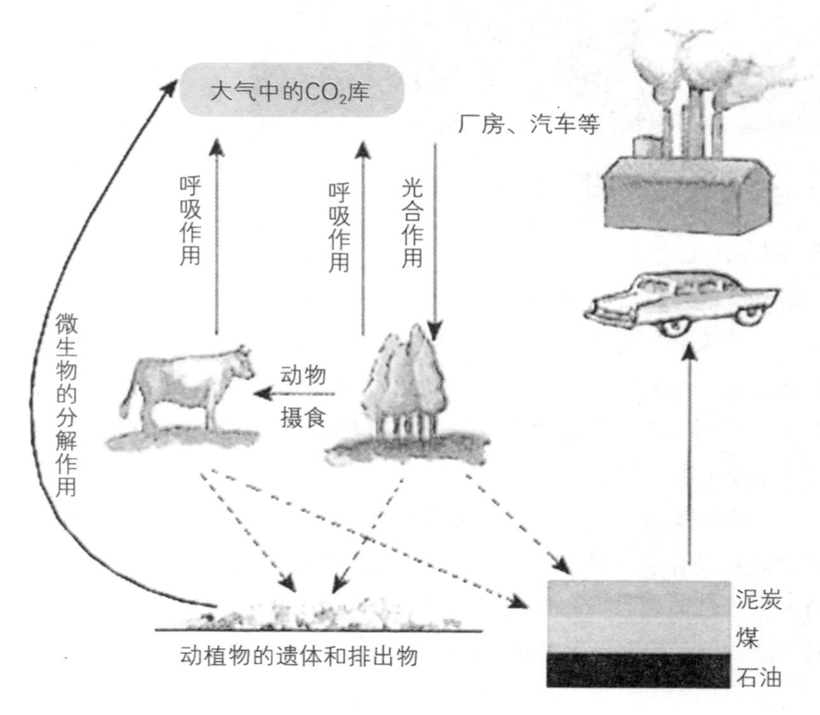

自然界中的碳循环 △

物；消费者主要指人和动物，他们利用生产者合成的有机物来生存；分解者主要指微生物，它们可以将有机物分解为无机物，并放出二氧化碳等气体。

生产者、消费者、分解者这三类生物与其生活的无机环境一起，构成了一个生态系统：生产者从无机环境中摄取能量，合成有机物，并成为能量的供应者；消费者（动物与人）直接或间接以生产者为食，从中获得能量并将其沿生物链逐级传递；最后，当有机生命死亡以后，分解者将它们分解为无机物，归还给无机环境。这就是一个生态系统完整的物质与能量流动过程。只有当生态系统内生物的种类、数量及其生产能力都达到相对稳定的状态时，系统的能量输入与输出才能达到平衡；反过来，只有能量的输入与输出达到平衡时，生物的生命活动也才能相对稳定。所以，生态系统中的任何一部分都不能被破坏，否则，这个生态系统的秩序就会被打乱。

从生物能量需求的角度来说，太阳能是地球生物的总能源，没有阳光就不会有动物与植物。而地球与太空却几乎没有物质交换，地球在接受太阳辐射能之后，将能量在生物圈中逐级传送，最后以热能的形式散发到太空中。太阳能在生物圈上的流动也让地球生物形成了一个有机整体，所以，生物圈也是地球上最大的生态系统，是所有生物共同的家园。我们必须明白，人也是生物圈中的一员，人的生存和发展离不开整个生物圈的繁荣。因此，保护生物圈就是保护我们自己。

事实上，生物圈也是一个脆弱的生态系统。据估测，如果地球的平均气温升高2℃～3℃，两极的冰山就会融掉，海平面将会上升7米，给地球生物带来难以想象的生态灾难。人为因素造成的环境污染、森林资源锐减、土地沙化等，也会破坏地球生态系统。此外，在地质史上曾经灭绝的物种也在提示我们，地球生物圈也在不断演化，最终会成为什么状态仍是一个难以预料且需要科学对待的重要问题。

9 生物的分类与微生物的发现

生物圈是地球上所有生物的家园，它们长期在这里生存、繁衍，形成复杂、多样的生物世界。从类别上划分，地球上的生物可分为三大类，动物、植物和微生物。现代生物学对这三大类生物都做了详尽的分类。比如，植物可分为低等植物和高等植物两大类，其中低等植物包括藻类植物和地衣植物，高等植物包括苔藓植物、蕨类植物、裸子植物和被子植物。科学研究认为，植物的进化是一个极其漫长的，从水生到陆生，从简单到复杂，从低等到高等的过程，次序为藻类植物→苔藓植物→蕨类植物→裸子植物→被子植物。

△ 高倍显微镜下的微生物

动物的分类是较为复杂的，要想将地球上的动物准确地划分类别是一件很繁琐的工作，不过，生物学家自有办法。他们根据动物的各种特征，包括形态、结构、遗传、生理、生化、生态及分布等，将动物依次划分为各种等级，即界、门、纲、目、科、属、种7个主要等级。在工作中，为了更精确地表达某一物种的分类地位，生物学家还将原有的等级进一步细分，以满足科学工作的需要。因此，在实际工作中，一般采用的分类如下：界、门、亚门、总纲、纲、亚纲、总目、目、亚目、总科、科、亚科、属、亚属、种、亚种共16个阶元。在动物界之下，共分有38个门，除脊索动物门之外，其他37个门都是低等动物。脊索动物门中的哺乳动物即兽类，是高等动物中的高等动物，在外形上极为多样，目前在地球上居于主宰地位，共4000多种。按动物分类学，人类归属于动物界、脊索动物门、哺乳动物纲、灵长目、人科、人属、智人种。通过这种分类方式，地球上除尚未被科学认识的动物外的所有动物都有了各自的等级与分类位置。

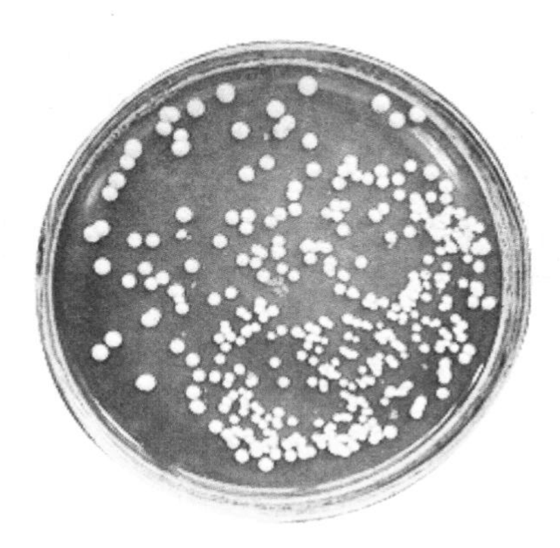

△ 细菌菌落

事实上，在微生物被发现之前，人们一直习惯于将生物划分为动物与植物两大类，直至1674年，荷兰工匠安东尼·列文虎克制造出了第一台显微镜，才揭开了微生物的神秘面纱，让人们看到了它们的“倩影”。

现代生物学对微生物的定义是，一切肉眼看不见或看不清楚的微小生物的总称。主要包括古细菌，属于原核生物类的细菌、放线菌、蓝细菌、支原体、立克次氏体，属于真核生物类的真菌、原生动物和显微藻类。这些微小生物的个体，我们虽然用肉眼看不到，但是当它们大量繁殖在某种材料上形成一个大集团时，就能看到了。我们将这一团由几百万个微生物细胞组成的集合体称为菌落。例如，腐败的馒头和面包上长的毛，烂掉的水果上的斑点，皮鞋上的霉点，皮肤上的藓块等都是一些微生物形成的菌落。

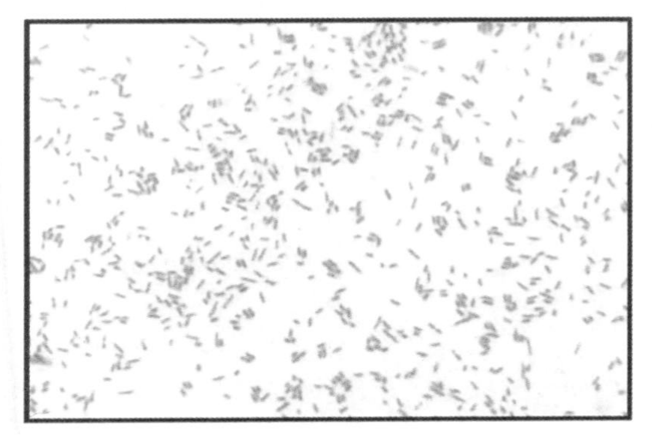

△ 杆状细菌

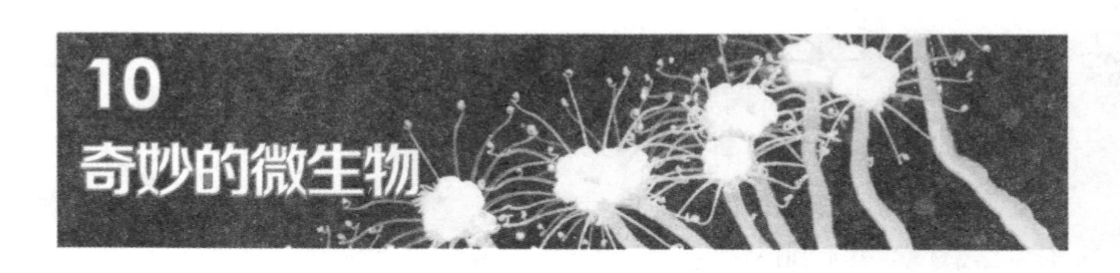

10 奇妙的微生物

继列文虎克发现微生物以后的近200年间，对微生物的研究基本停留在形态描述和分类阶段。直到19世纪中期，以法国微生物学家、化学家路易·巴斯德和德国细菌学家罗伯特·科赫为代表的科学家通过对微生物的进一步研究，揭开了微生物的基本特性，找到了造成食物腐败和人畜疾病的原因，并创立了细菌分离、培养、接种和灭菌等一系列的微生物技术。从此，人类对微生物的认识进入到了新的阶段。

微生物在自然界中可以说是无处不在。从微生物的生存条件上看，在距离地面几十千米的大气中，地表以下数千米乃至数十千米的岩石中，以及海平面以下数千米、温度高达几百摄氏度的海底火山口都有微生物的存在。在南非大约3千米深的地下金矿中，存在这样一群微生物——它们生活在完全与世隔绝，温度达到60℃的环境中，没有光线和氧气，是人类所发现的最为顽强的生物之一。

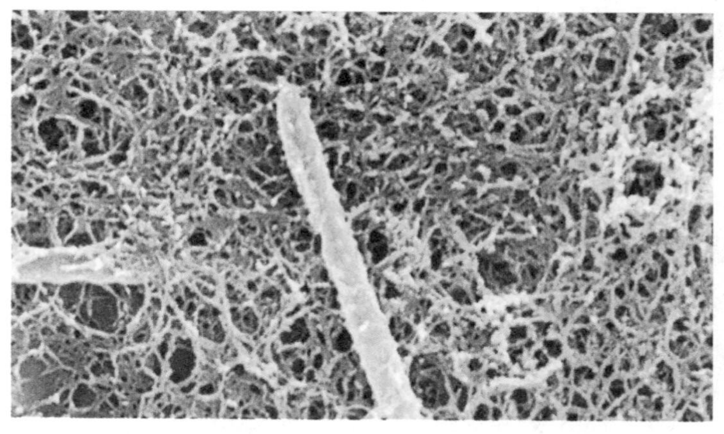

△ 南非地下金矿中发现新细菌

微生物不光分布广泛，而且具有很强的适应性。据相关资料介绍，无孔不入的微生物竟会在人类眼皮底下借助货运飞船进入空间站，同时迅速适应空间站内的环境并四处蔓延。苏联科学家曾经在“礼花”号空间站与“和平”号空间站内发现约300种对人体和空间站设备有害的致病细菌和微小真菌。在“和平”号空间站还曾发生过微生物“蚕食”电缆的事故。

目前已知的世界上最小的微生物是支原体，它是一类介于细菌和病毒之间的单细胞微生物，也是地球上已知的能独立生活的最小微生物，直径约为100纳米。支原体一般都是寄生生物，其中最有名的当属肺炎支原体，它能引起哺乳动物特别是牛的呼吸器官发生严重病变。

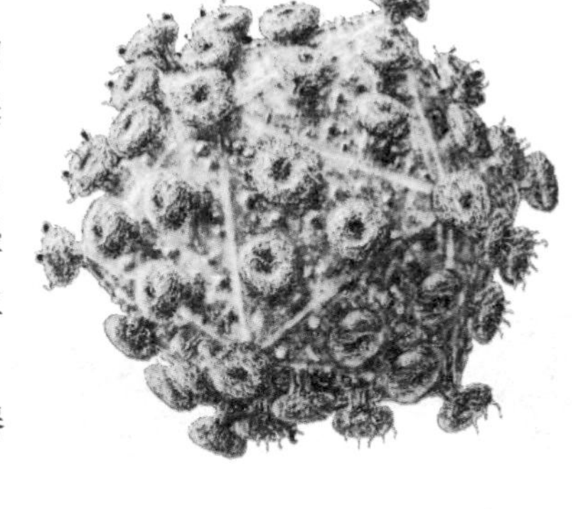

△ 病毒

微生物与人类关系非常密切，在人类生活中占有十分重要的地位。人类生活产生的大量垃圾，要靠微生物来分解。人和动物的体表以及与外界相通的孔道中都有正常微生物群落，它们可抵御外来病原微生物的侵袭。还有，微生物还可以为人类生产许多营养食品，如酒、醋、酸奶、面包等。更重要的是，对抗疾病的抗生素也是来自于微生物。

当然，微生物也给人类带来毁灭性的灾难，如历史上出现过的天花、霍乱、鼠疫，以及现今流行的流感、艾滋病等。可以说人类与微生物的斗争总是在无止境地持续着，但随着科技、医疗条件的提高，我相信这些由微生物引起的疾病，将会得到有效的控制而不再肆虐。

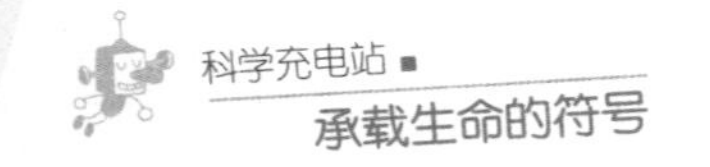

11 动物、植物、微生物三者之间的关系

在生态系统中动物、植物、微生物分别扮演着消费者、生产者和分解者的角色，它们之间存在着如下关系：植物合成养料；动物从植物中获取养料；微生物分解动植物的遗体，把有机物分解为无机物返还给植物，供其吸收、利用，实现营养物质的循环。但从更细微的角度来分析，它们之间又有着更为复杂的关系。

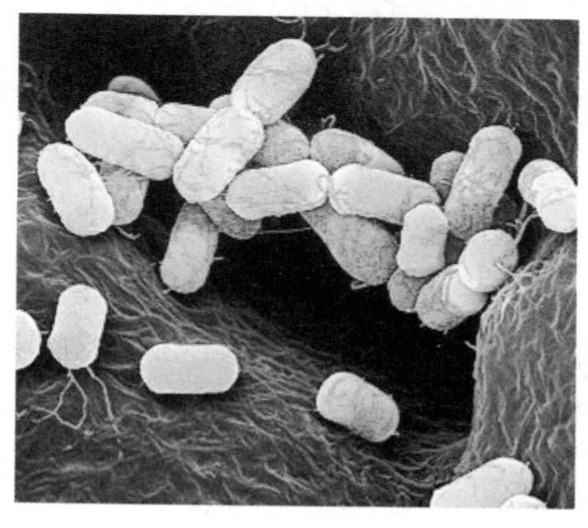

△ 肠道内的细菌群

正常情况下，在动物的体表及与外界相通的体腔（如口腔、呼吸道、消化道和泌尿生殖道等）中都有特定种类和数量的微生物存在，它们以动物皮肤或腺体的分泌物、黏液、脱落的细胞及食物消化物或残渣等作为养料生存。但也正是有这些微生物的存在，才能在一定程度上抑制和排斥外来微生物的生长，特别是病原微生物的定居和侵入。此外，动物肠道内的微生物还可以合成某些生长、发育所必需的营养物质，如多种维生素和氨基酸等。可见，动物与微生物之间有着相互依赖的关系。

植物生长于土壤中，而1克土壤中就有微生物数亿至数十亿个，土壤越肥，其中的微生物越多。植物在其生长过程中，既从外界吸收养料和水分，也向外界释放各种无机和有机物质，尤其是植物根部有丰富的各类有机物质，如渗出物、分泌物、植物黏液等，离根越近，微生物数量越多。微生物旺盛的代谢作用和所产生的酶类，加强了土壤中有机物质

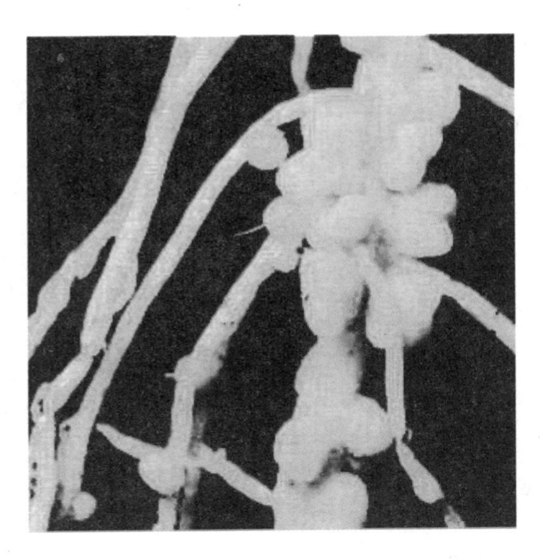

⚠ 豆科植物的根瘤菌

的分解，促进了营养元素的转化，提高了土壤中矿质养料的供给。某些固氮菌只有与豆科植物共生，才能进行旺盛的固氮作用，并为豆科植物提供50%～70%的氮素。可见，植物与微生物之间具有密切的关系，这种相互关系是自然界营养元素生物循环的核心。

当然，微生物与动植物之间的利弊关系是相对的。如果在动物或植物体内生活的微生物数量过多，则会与动植物机体竞争营养物质，导致其营养缺乏，甚至形成疾病。某些致病微生物还会使动植物患病，或导致动植物的死亡。此外，在微生物与微生物之间也存在复杂的关系，如微生物群体间对空间、养料等的竞争，地衣中的真菌与某些藻类的互利共生，某些细菌病毒寄生在细菌细胞内致其裂解、死亡等。

总的来说，动物、植物与微生物之间的这种微妙的平衡关系是三者共同生存与繁衍的重要前提。一旦这种平衡关系被打破，势必会影响生态系统的稳定。因此，维持生态系统的稳定、平衡，关键是要遵循自然的规律，千万不可盲目地掠夺自然资源，肆意挑战地球生态平衡的底线。

三　伟大的孟德尔

通过前两章的叙述，我们大体上了解了地球生物的起源与现状，并用“单细胞生物”这个词汇描述了生命诞生之初的状态。事实上，这些描述都是建立在现代生物学基础上的，因为在19世纪中叶细胞学说尚未诞生之前，人们是不可能从细胞的角度来认识生物的起源与进化的。也正是因为细胞学说的诞生才让科学家可以从微观的角度来认识生命，并进一步弄清了生物在遗传与变异上的规律。

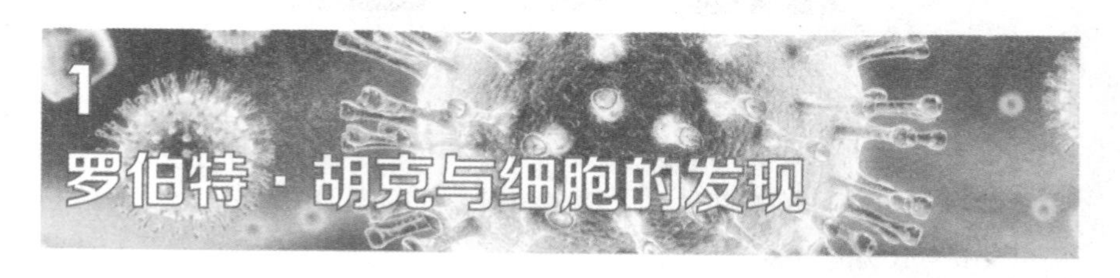

1 罗伯特·胡克与细胞的发现

什么是细胞？细胞的本意就是细小的胞状体，是生物体构成上的细小单位。在显微镜发明之前，人们无法看到生物体的细胞组成。而细胞的发现则要归功于英国科学家罗伯特·胡克。1665年，胡克根据英国皇家学会一名院士的资料设计了一台复杂的复合显微镜。有一次他从栎树皮上切了一片软木薄片，并放到自己发明的显微镜下观察。结果，他观察到了植物细胞(实际上看到的是细胞壁)，并且觉得

△ 罗伯特·胡克

它们的形状类似教士们所住的单人房间，所以他使用单人房间的"cell"一词将植物细胞命名，并一直沿用至今。胡克是人类历史上第一个发现细胞的人，他当年所用的那台显微镜至今仍然保存在华盛顿国家健康与医学博物馆中。在发现细胞的同一年，胡克出版了《显微术》一书。荷兰工匠列文虎克受此启发，对显微镜镜片进行了改进，加大了放大倍数，并对微生物进行了细致的观察，发现了一个不为人知的微生物世界。

△ 胡克自制的显微镜

罗伯特·胡克的一生，发现、发明和创造极为丰富。他不仅发现了细胞，在其他领域也有重要贡献。比如，他曾协助罗伯特·波义耳发现了波义耳定律，还同克里斯蒂安·惠更斯各自地发现了螺旋弹簧的振动周期的等时性，并描述了弹性材料的基本定律——胡克定律：在弹性限度内，弹簧的弹力F和弹簧的长度变化量x成正比，即$F= -kx$。k是物质的弹性系数，它由材料的性质所决定，负号表示弹簧所产生的弹力与其伸长（或压缩）的方向相反。这个定律目前是物理学中的一个重要的、基础的定律。此外，胡克在光学和力学方面也有重要贡献。在大量的光学实验中，胡克首先得出了光是横波的结论。在1679年写给牛顿的信中正式提出了引力与距离的平方成反比的观点，但由于缺乏数学手段，没能得出定量的表示。

胡克在细胞学方面的贡献可以说是十分巨大的。正是由于他的发现，才使许多科学家对生命的认识和研究由宏观开始转向了微观，从而开创了对微观世界的探索和研究。

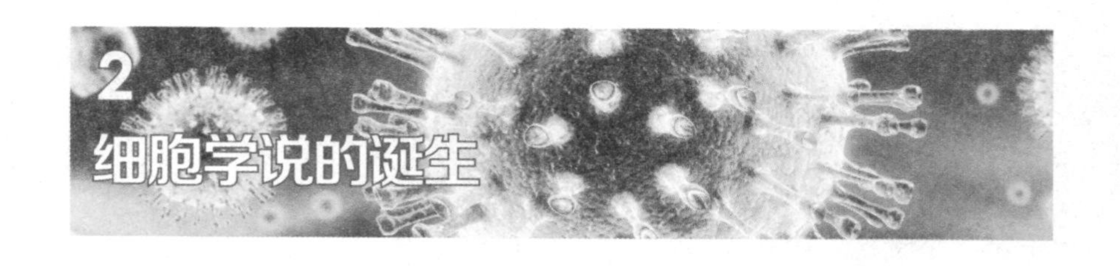

2 细胞学说的诞生

在胡克发现细胞100多年以后的1802年，弗朗兹·鲍尔首先发现了细胞核，并对其进行了描述。30年后的1831年，苏格兰植物学家罗伯特·布朗用显微镜观察兰花，又进一步确认了细胞核的存在，并在伦敦林奈学会的演讲中对细胞核做了更为详细的叙述。布朗称他所发现的花朵外层细胞中的那些不透光的区域为“areola”或“nucleus”，即细胞核区域。不过，布朗并未对这个区域的功能提出看法。此后，许多生物学家都对细胞及其内部结构进行过研究，但都没有形成理论。

△ 马提阿斯·施莱登

1838年，德国植物学家马提阿斯·施莱登发表了著名的《植物发生论》一文，从理论高度解释了细胞的功能与作用。一年后，动物学家施旺将施莱登的植物细胞理论扩展到动物界，并于1839年发表了著名的《关于动植物的结构和生长一致性的显微研究》论文，论证了所有动物体都是由细胞组成的，并作为一种系统的科学理论提出，即“细胞学说”的提出。

施莱登早年就曾对植物生理学和植物解剖学进行过较为深入的探讨，这为他后来建立细胞学说打下了良好的基础。但出于种种原因，施莱登曾放弃早年的研究并在海德堡求学研习法律，毕业后又在汉堡做了一段时间的律师，但他的律师工作并不成功。甚至在他生命最低潮之时，曾决定自杀，不过没有成功。后来，他决定放弃法律而从事自然科学的研究，并迷上了用显微镜研究植物的结构。他的《植物发生论》就是他在耶拿大学任教时发表的，也正是这篇论文让德国动物学家施旺大受启发，并扩展了他的理论。

泰奥多尔·施旺于1810年10月在德国诺伊斯出生，父亲是一名金匠。少年时期的施旺品行良好，学习勤奋，各门功课常常名列前茅，尤其是数学和物理成绩更好。1826年，施旺告别家乡，进入科隆著名的耶稣教会学院学习宗教。中学毕业后，父母希望他学神学，将来能成为一名牧师，但施旺执意要去学医。1829年，施旺进入德国波恩大学学习，在那里他读完了医学预科的全部课程，并获得了医学学士学位。之后，施旺继续深造，于1834年在柏林大学取得医学博士学位，并成为当时著名的科学家约翰内斯·弥勒的助教。在柏林，施旺有幸结识了施莱登，尽管两人的性格不同，宗教信仰也有差异，但他们在某些科学观点上完全一致，这使他们很快成为朋友。1838年10月，施莱登向好友施旺讲述了有关植物细胞结构和细胞核在细胞发育中的重要作用的基本知识，使施旺大受启发，并立刻投入到对施莱登细胞学的研究之中。在1839年发表了著名的《关于动植物的结构和生长一致性的显微研究》论文，标志着由施莱登与施旺创建的细胞学说的正式诞生。

△ 泰奥多尔·施旺

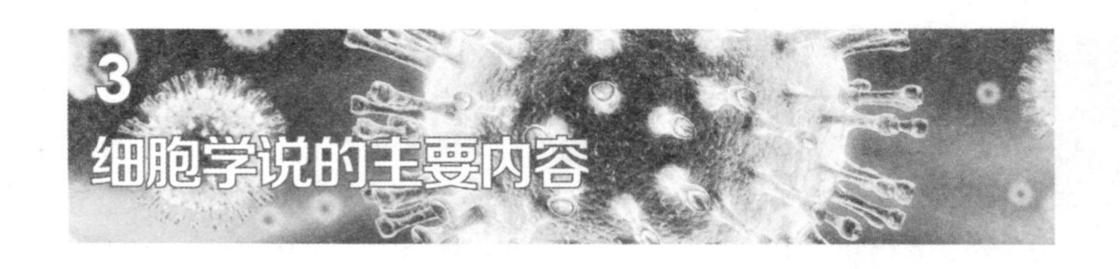

从1665年英国物理学家罗伯特·胡克发现细胞到1839年细胞学说的建立，经过了170多年。在这一时期，科学家对动植物细胞及其内容物进行了广泛的研究，积累了大量资料。1797年，德国胚胎学家沃尔夫在《发生论》一书中已清楚地描述了组成动植物胚胎的“小球”和“小泡”，但还不了解其意义和起源的方式。1833年，英国植物学家罗伯特·布朗在植物细胞内发现了细胞核，接着又有人在动物细胞内发现了核仁。

也就是说到19世纪30年代，已有人注意到植物界和动物界在结构上存在某种一致性，它们都是由细胞组成的，并且对单细胞生物的构造和生活也有了相当多的认识。在这一背景上，施莱登在1838年提出了细胞学说的主要论点，翌年施旺提出“所有动物也是由细胞组成的”，并对

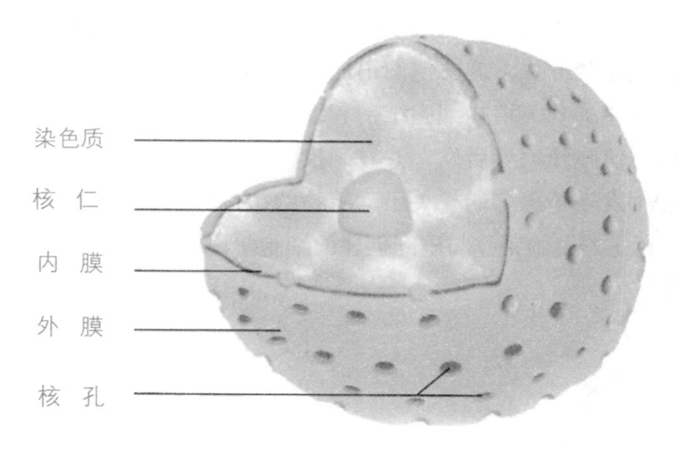

△ 细胞核结构模式图

△ 鲁道夫·魏尔肖

施莱登提出的“所有的植物都是由细胞组成的”的观点进行了补充，形成了“细胞学说”的基础。1858年，德国科学家鲁道夫·魏尔肖提出“所有的细胞都来源于先前存在的细胞”的著名论断，彻底否定了传统的生命自然发生说的观点。至此，以上三位科学家的研究结果加上许多其他科学家的发现，共同形成了比较完备的细胞学说。其主要内容包括：①有机体是由细胞构成的；② 细胞是构成有机体的基本单位；③一切细胞来源于细胞。这一内容论证了整个生物界在结构上的统一性，以及在进化上的共同起源，为生物学的发展打开了一扇崭新的大门。同时，它也为辩证唯物主义的哲学思想提供了重要的自然科学证据。伟大的哲学家、思想家弗里德里希·恩格斯曾把细胞学说与能量守恒和转换定律、达尔文的自然选择学说一并誉为19世纪最重大的三大自然科学发现。

事实上，细胞学说确立的细胞作为基本单位的地位，是到目前为止整个细胞生物学学科的理论基础。细胞的生命活动及其变化直接反应了有机体对生命活动的调节与控制。通俗地讲，细胞就像人们建造房子时用的材料，只有有了这些材料，才能建造出漂亮的房子。但要建什么样的房子，就需要什么样的材料，也就是说是房子的样式和用途决定着材料的品种和质地。细胞学说虽然确定了生物体的构成单位，却没有解释清楚生物多样性的原因，以及物种延续的内在规律。不过，它的诞生激起了生物学家们研究细胞结构及其功能的热情，并开始从细胞水平研究生物的遗传与变异现象。

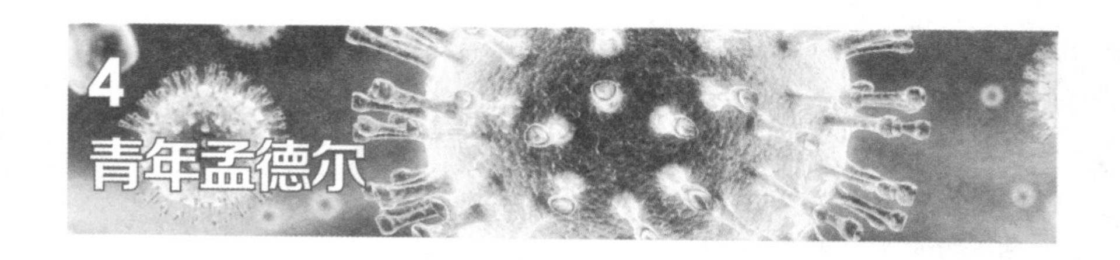

4 青年孟德尔

△ 孟德尔

细胞学说诞生前后，在生物学领域还有一位贡献巨大的人物，他就是被称为“遗传学之父”的孟德尔。

1822年7月，孟德尔出生在奥地利的一个农民家庭，家中的五个孩子中，他是唯一的男孩，他的父亲给他取名约翰·孟德尔。他的故乡素有“多瑙河之花”的美称，有着浓厚的园艺风俗。孟德尔的父亲也是园艺方面的行家，左邻右舍的农民经常向其请教果树栽培、嫁接方面的经验。受此熏染，孟德尔在很小的时候就对植物嫁接产生了浓厚的兴趣，童年之时就曾亲手嫁接过果树，并对嫁接的果树仍能结出丰硕的果实而感到新奇。他曾就此问题向父亲求教，父亲回答说：“孩子，我也不知道为什么！但事实的确如此。比养料力量更大的是树木的本性，就是人们称为‘遗传’的那种性质吧！”由此，“遗传”这个词在他的脑海里深深地扎下了根，这为他后来坚持不懈地用十几年的时间来研究这个问题，并发现了遗传规律埋下了宝贵的种子。

1840年，孟德尔考入奥尔米茨大学哲学院，开始了他的大学生涯。然而，大学带给他的并非完全是喜悦，贫寒的家境常常让他的生活捉襟见肘。在大学期间，他几乎身无分文，不得不经常为求学的资金而四处奔波，受尽了贫寒的磨难，不得不中途辍学。1843年10月，因生活所迫，21岁的他进入一家修道院当修道士。但这并不是因为他对上帝的信仰，而是在修道院中可以解除他为生存而做的艰苦拼搏。因此，对于孟德尔来说，环境决定了他职业的选择。

1849年，孟德尔获得一次机会并成为一名中学教师，但在1850年的教师资格考试中，他的成绩却让他与教师职业无缘。为了让他能够胜任一个初级学校的教师工作，他所在的修道院根据相关规定，将他派到维也纳大学深造，希望他能借此机会获得教师资格证。在朋友的资助下，孟德尔来在维也纳大学度过了难忘的两年。

△ 恩斯特·恩格尔

可以说，在维也纳大学的生活是孟德尔一生中最重要的时光。在这里，他不但学习了现代科学的许多学科，还接触了许多著名科学家，如著名物理学家多普勒，并做其助手；又如数学家和物理学家依汀豪生；还有细胞理论发展中的一位重要人物——恩斯特·恩格尔。恩格尔是孟德尔最为钦佩的生物学家之一，他的“遗传规律不是由精神本质决定的，也不是由生命力决定的，而是通过真实的事实来决定的”的思想对孟德尔的影响最为深远，这为他后来的遗传学研究打下了坚实的思想基础。

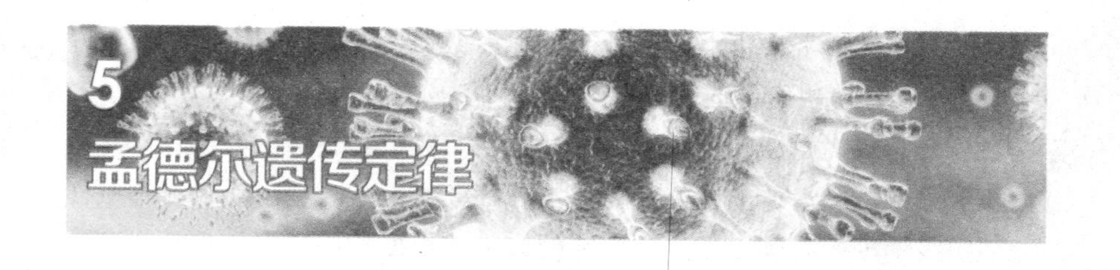

1853年，31岁的孟德尔从维也纳大学毕业，又重新回到修道院。从这时起，孟德尔就决定实践自己的意愿，研究遗传的规律。1856年，孟德尔在一切准备就序后开始了长达8年的豌豆杂交试验。他首先从34个品种的豌豆中选出22个品种用于实验，这些品种都具有某种可以相互区分的稳定性状，例如，高茎与矮茎、圆粒与皱粒、灰色种皮与白色种皮等。

1856年到1864年，孟德尔选择了7对差异明显的简单性状，对豌豆的生长进行了仔细的观察。在这段时间，孟德尔完全变成了一个敬业的农民，在修道院后面开垦出一块豌豆田，终日用木棍、树枝和绳子把四处蔓延的豌豆苗支撑起来，让它们保持“直立的姿势”，他甚至还小心翼翼地驱赶传播花粉的蝴蝶和甲虫。其形象也十分特别：头大，稍胖，戴着大礼帽，短裤外套着长靴，走起路来晃晃荡荡，却有着透过金边眼镜凝视世界的锐利眼神。

在长期的努力下，孟德尔终于发现了两个基本的遗传规律，并于1865年将其研究的结果整理成论文《植物杂交试验》，在布尔诺自然科学协会上发表。孟德尔发现的生物遗传方面的两大规律，当时称为孟德尔第一定律与孟德尔第二定律，在现代生物学中叫基因的分离定律与自由组合定律。

基因分离定律的内容为：基因（当时称为孟德尔因子）作为独特的独立单位而代代相传。细胞中有成对的基本遗传单位，在杂种的生殖细胞中，成对的遗传单位一个来自雄性亲本，一个来自雌性亲本，形成配子时这些遗传单位彼此分离。按照现代生物学术语来说就是：基因对中的两个基因(等位基因)分别位于成对的两条同源染色体上，在亲本生物体产生性细胞过程中，上述等位基因分离，性细胞的一半具有某种形式的

△ 实验中的孟德尔

基因，另一半具有另一种形式的基因。用一句话来概括，那就是：杂合体中决定某一性状的成对遗传因子，在减数分裂过程中，彼此分离，互不干扰，使得配子中只具有成对遗传因子中的一个，从而产生数目相等的、两种类型的配子，且独立地遗传给后代。

基因自由组合定律的内容为：在一对染色体上的基因对中的等位基因能够独立遗传，与其他染色体对基因对中的等位基因无关；并且含不同对基因组合的性细胞能够同另一个亲本的性细胞进行随机的融合。简单地说就是，在等位基因分离的同时，非同源染色体上的非等位基因表现为自由组合，也就是说，一对等位基因与另一对等位基因的分离与组合互不干扰，各自独立地分配到配子中。

这就是孟德尔经过十几年的探索发现的，遗传学上最著名的两大基本定律的内容。

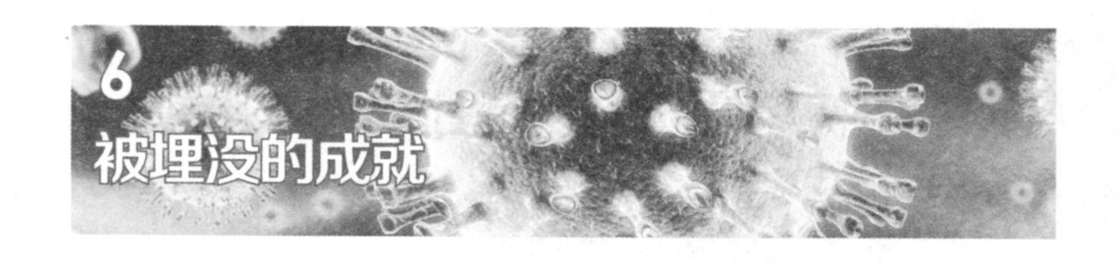

6 被埋没的成就

基因的分离定律和自由组合定律阐明了亲代和子代性状间的遗传规律，是遗传学的基础，因此孟德尔也被后人称为现代遗传学的奠基人。不过，在1865年的布尔诺自然科学协会上，当孟德尔兴致勃勃地将自己多年来的研究成果向大会汇报之时，却没有引起应有的轰动。尽管与会者不乏各学科的专家，却没有人觉得孟德尔遗传定律的意义重大。相反，不可胜数的数字和繁复枯燥的论证却让与会者兴趣索然，几乎没有人明白孟德尔到底在说些什么。当时的会议日志上这样记载："对于孟德尔的讲演，没有任何人提问题，也没有进行任何讨论。"他们不能明白生物和数学怎么可以扯到一块，他们也完全不能理解这位修道士花费了十几年的时间究竟都在做些什么。

△ 孟德尔雕像

1866年，孟德尔的演讲论文《植物杂交的试验》按惯例刊登在了《布鲁恩自然科学研究学会学报》上，并随学报被送往欧洲一百多个大学和图书馆，但几乎没有引起多大的反响。此后，孟德尔将论文的单行本分寄给世界各地著名的植物学家，试图引起科学界的注意，但基本上如石沉大海。孟德尔还将其中的一份寄给了达尔文，人们后来在达尔文的藏书中发现，这本小册子连页边都没有割开，孟德尔的发现就这样被进化论大师忽略了。1868年，孟德尔在被学术界的忽视中当选了他所在的修道院院长，并从此将精力完全转移到繁杂

△ 孟德尔研究豌豆的地方

的修道院的工作之中，并最终放弃了科学研究，于是这样一个伟大的发现被世界埋没了。

1884年，孟德尔因病去世。在他逝世17年后的1900年，荷兰植物遗传学家德·弗里斯通过与孟德尔类似的实验，发现了遗传学的规律。他去图书馆查阅文献资料，发现早在35年前，孟德尔的《植物杂交的试验》已经论证了植物遗传规律。与此同时，德国生物学家科伦斯和奥地利科学家切尔马克也不约而同地发现了这一点。三位欧洲知名的科学家在各自发表的论文中都提到了孟德尔的学说，并声明自己只是证实了孟德尔的观点。由此，孟德尔的研究才重新得到科学界的重视。

1965年，英国一位进化论学者在庆祝孟德尔论文发表100周年的讲话中说："遗传学的诞生归功于一个人——孟德尔，是他于1865年的2月8日在布尔诺阐述了遗传学的基本规律。一门科学完全诞生于一个人的头脑之中，这是唯一的一个例子。"

此后，经过以摩尔根、艾弗里、赫尔希和沃森等为代表的科学家的不懈努力，终于从分子层面揭开了孟德尔魂牵梦绕的生物的遗传机制。而孟德尔这位生前默默无闻的先驱也被公认为是"遗传学之父"。

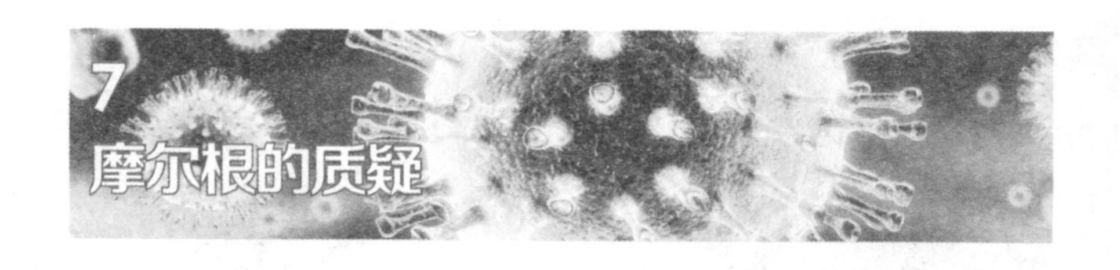

1866年，托马斯·亨特·摩尔根出生于美国肯塔基州的列克星敦。他的父母都出身贵族，后由于南北战争家境败落，所以摩尔根的父母都希望他能够重振家族的荣耀。不过，摩尔根后来的成就却证明，他并没有成为父母亲所希望的那种显赫人物，而是成了一名彪炳史册的科学家。

摩尔根很小的时候就表现出热爱自然的天性，对大自然充满了好奇。与许多淘气少年不同，他不仅喜欢到野外去捕蝴蝶、捉虫子、掏鸟窝和采集奇形怪状、色彩斑斓的石头，还喜欢把捕捉到的蝴蝶、虫子、鸟儿带回家制成标本。小摩尔根10岁的时候，在他的反复要求下，父母同意把家中的两个房间给他专用。于是，他自己动手将房间装饰一番，然后将采集和制作的鸟、鸟蛋、蝴蝶、化石、矿石等各种标本陈列其中。直到摩尔根逝世后，这两个房间里的摆设还保持着他少年时的样子。

小摩尔根还有一个爱好就是看书，尤其喜欢看那些关于大自然和生物的书籍。如果没人打扰他，他可以一整天沉浸在书中而忘记吃饭。摩尔根对知识的热爱，让他对学习投入了极大的热情，初中毕业后顺利升入肯塔基州立学院的预科学习。两年后，16岁的摩尔根转入大学本科，并选择了理科专业，学习数学、物理学、化学、天文学、博物学、农学和应用工程学等。

大学毕业后，他考中了当时并不怎么出名，规模甚至有些寒酸的霍普金斯大学研究生学院的生物系。他之所以做出这个选择，主要是因为霍普金斯大学位于他母亲的老家马里兰州，同时生物学又是与博物学关系十分密切的专业。在那里，摩尔根从硕士到博士，系统地学习了普通生物学、解剖学、生理学、形态学和胚胎学，对他后来的研究打下了良好的实验基础。

△ 托马斯·亨特·摩尔根

1903年，摩尔根受邀赴哥伦比亚大学任实验动物学教授。当时，随着孟德尔遗传规律重新得到学术界承认，遗传研究的风气十分浓厚，摩尔根也开始将此前一直研究的实验胚胎学方向转向遗传机制的研究。1909年，摩尔根在《美国育种者协会通讯》上发表了《孟德尔因子是什么》的论文。文中对当时学术界一味地使用“因子”来解释新的遗传性状，而忽视对“因子”本身的实证研究的学术倾向提出了批评，也批驳了把孟德尔因子解释成具体性状的物理缩影的错误观点，在学术界引起了很大的反响。

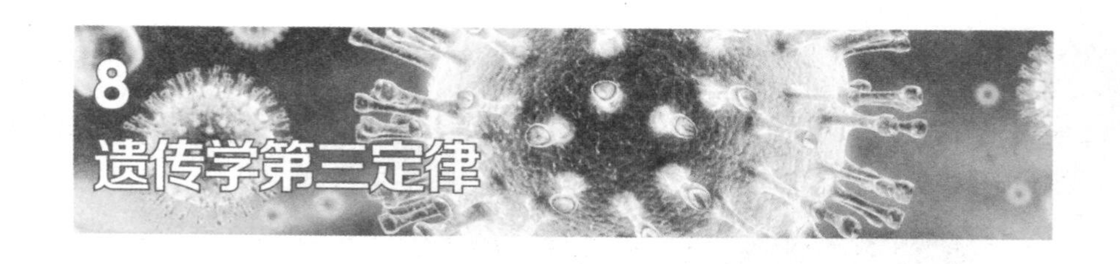

8 遗传学第三定律

1900年，当孟德尔的遗传学研究被重新发现后，不断有相关的新消息传到摩尔根的耳朵里。摩尔根一开始对孟德尔的学说和染色体理论表示怀疑，他提出一个非常尖锐的问题：生物的性别肯定是由基因控制的。那么，决定性别的基因是显性的，还是隐性的？事实上，不论怎样回答，都会面对一个难以收拾的局面。在自然界中大多数生物的两性个体比例是1:1，而不论决定性别的基因是显性的还是隐性的，都不会得出这样的比例。为了检验孟德尔定律，摩尔根曾亲自做了实验。1908年，摩尔根做了一个至关重要的决定，他选择了一种非常理想的果蝇来做实验材料，设计了用果蝇进行诱发突变的实验，并请妻子做自己的助手实验员。当时，他的实验室里面除了几张旧桌子外，就是培养了千千万万只果蝇的几千个牛奶瓶，被同事戏称为“蝇室”。

⊲ 果蝇

1910年5月，他的妻子发现了一只奇特的雄蝇，这只果蝇的眼睛不像同胞姊妹那样是红色，而是白色。这显然是个突变体，这个发现让夫妻两人欣喜异常。摩尔根极为珍惜这只果蝇，将它装在瓶子里，连睡觉时都放在身旁。在摩尔根的精心设计下，这只基因突变的果蝇最后在与一只正常的红眼雌蝇交配以后才死去，留下了突变基因，并在摩尔根

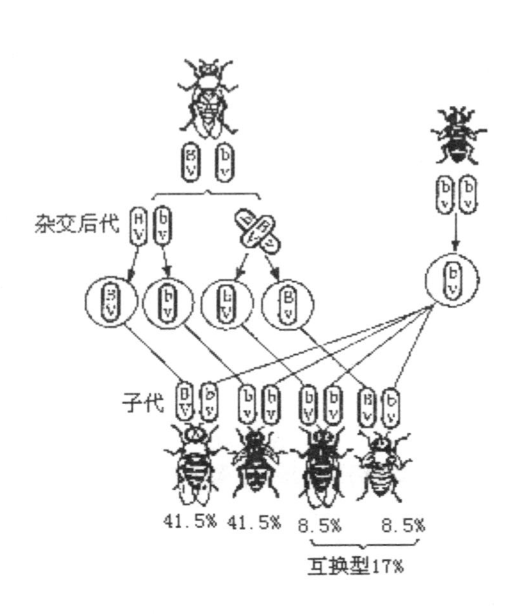

△ 果蝇的连锁与互换

的精心呵护下繁衍出一个大家系。不同的是，这个家系的子一代与这只白眼果蝇不同，眼睛全是红的，显然，红眼对白眼来说，表现为显性。这正好符合孟德尔的理论，也让摩尔根暗暗地吃了一惊，因为这个结果让他始料不及。

此后，摩尔根通过进一步观察，发现子二代的白眼果蝇全是雄性，这说明性状（白）与性别（雄）的因子是连锁在一起的，而细胞分裂时，染色体先由一变二，可见能够遗传性状与性别的基因就在染色体上，它通过细胞分裂一代代地传下去。据此，摩尔根提出了“染色体遗传理论”并出版了《基因论》一书。不仅解释清楚了性别之谜，还建立起基因学说的框架理论。他所发现的遗传规律被现代遗传学称为基因的连锁互换规律即遗传学第三定律，具体内容为：具有两对或两对以上的相对性状的亲本杂交，子一代减数分裂产生配子时，位于同源染色体上的非等位基因连锁遗传给后代，这个称为“连锁”遗传。位于同源染色体上的非等位基因在减数第一次分裂的四分体时期有一定的交叉互换，产生重组配子，遗传给后代，这个称为“互换”。

摩尔根的研究，完善了生命遗传理论体系，至此，三大遗传规律成为现代遗传学的理论核心，为进一步研究生命的遗传物质奠定了坚实的基础。

四　基因及其本质

从“基因”一词的诞生到摩尔根的《基因论》问世，标志着生物学界已开始从基因的角度来研究生物的遗传与变异，但对遗传物质即基因的化学结构及成分仍然没有确切的认识。当时的学术界几乎一致认为蛋白质是生物遗传的物质基础，即基因的主要成分是蛋白质，而纠正这一错误的认识则花去了生物学家们近30年的时间。

1 染色体的发现

由于细胞学取得的一系列成就，直接为遗传学的发展奠定了理论和实验基础。自施莱登和施旺创立了细胞学说以来，人们相继发现了细胞中的原生质，发现了体积约为细胞十分之一的细胞核，发现一切细胞都是细胞分裂产生的。

1867年，德国植物学家霍夫迈斯特首先叙述了植物细胞的间接分裂（现称有丝分裂）。1873年，德国动物学家施奈德发现了动物细胞的间接分裂。随后，德国植物学家爱德华·施特拉斯布格首先发现了植物细胞中的着色物体，而且断定同种植物各自有一定数目的着色物体。1879年，德国生物学家华尔瑟·弗莱明进一步发现，用碱性苯胺染料可让透明的细胞核内的微粒物质染色，进而可以详细观察细胞间接分裂的全过程，并得出结论：“细胞分裂时染色质准确均等地分装和分配。”弗莱明用这种方法看到了细胞分裂的全过程：微粒状的染色质先聚集成丝状，再分成数目相同的两部分，形成两个细胞核，最后生成两个细胞。

因此，他把这样的细胞分裂叫做有丝分裂，即用“有丝分裂”这一名词代替了“间接分裂”。随后，施特拉斯布格把有丝分裂划分为直到现在还在通用的前期、中期、后期和末期四个时期。

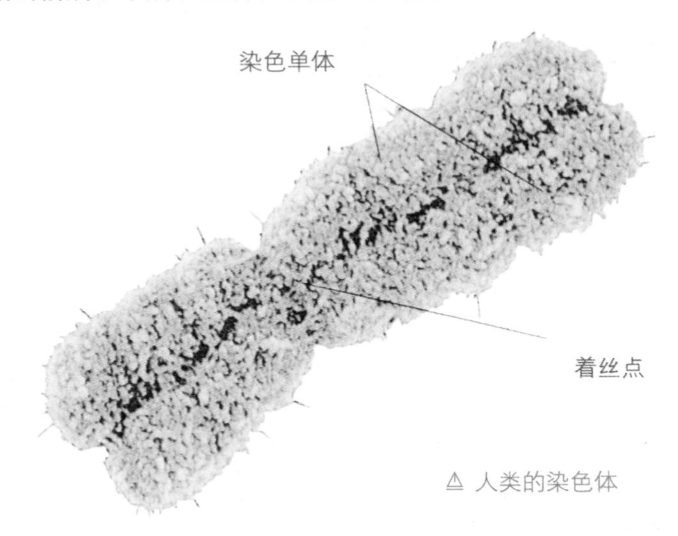

△ 人类的染色体

1888年，德国生物学家瓦尔德尔把细胞核中聚集的染色质正式命名为“染色体”，并一直沿用至今。此后，1902年美国生物学家萨顿和博韦里指出，染色体在细胞分裂中的行为与孟德尔的遗传因子平行：两者在体细胞中都成对存在，而在生殖细胞中则是单独存在的；成对的染色体或遗传因子在细胞减数分裂时彼此分离，进入不同的子细胞中，不同对的染色体或遗传因子可以自由组合。因而，博韦里和萨顿认为，染色体很可能是遗传因子的载体。1928年，摩尔根证实了染色体是遗传基因的载体，完善了染色体的内涵。

随着研究的深入人们还发现，每种动植物的细胞里都有特定数目的染色体。在体细胞分裂之前，染色体上基因数目先增加一倍，有丝分裂时，基因一分为二。因此，子细胞具有与母细胞一样多的染色体和基因；而生殖细胞经过减数分裂，每个精细胞和卵细胞的染色体数目都只有体细胞的一半。

2 基因一词的由来

细胞学说的建立与遗传物质——染色体的发现，让人们看到了揭开生命繁衍的秘密的希望。

进入20世纪，有关遗传问题的研究有了长足的进展，特别是孟德尔遗传规律被重新证实，有力地推动了有关遗传的研究。孟德尔在解释其豌豆杂交实验的结果时认为，生物的生殖细胞中含有控制性状发育的遗传因子。而将孟德尔的这一遗传学理论推动、发展并成为一门学科，则不得不提及英国一位植物育种专家威廉·贝特森。贝特森是一位孟德尔理论的热心支持者，他在育种实验中，充分感受到了遗传因子的存在，并将孟德尔最初提出的控制一对相对性状的遗传因子定名为“allelomorph”（后缩写为“allele”，即后来一直使用的“等位基因”）。1905年，他在写给剑桥大学著名学者亚当·塞奇威克的信中，没有沿用孟德尔的提法，而第一次用到“genetics”（遗传学）这个新名词。

△ 约翰森

1909年，丹麦遗传学家约翰森（也译为约翰逊）觉得应该创造一个专门名词来称呼这个“遗传因子”，以把“遗传因子”与“遗传性状”区分开来 。这个词应该字母不多、音节很少，以有利于作

为词干构成许多别的新词。他选定的是把德·弗里斯从达尔文泛生论（pangenesis，达尔文晚年提出的一种遗传学理论，后被证实是错误的）中衍生出的“pangene”缩短而成的“gene”一词，并在他的《科学遗传要义》著作中首先提议用“gene”取代孟德尔提出的“遗传因子”。约翰森充分发掘“pangenesis”中“合理的内核”，这一创造可算得上是“去粗取精、去伪存真”的典范了。

△ 师从摩尔根的谈家桢

约翰森的这一佳作引发出另一杰作，那就是我国遗传学家谈家桢在留美期间应邀为国内科学杂志撰文介绍现代遗传学时把“gene”一词译为“基因”。有趣的是，当时因校对人员工作疏漏，误刊“因基”。1984年，谈家桢在广州召开的中国遗传学会遗传学教学会议上作演讲时曾自诩说：“我生平最得意的杰作就是把‘gene’译为‘基因’。”

约翰森虽然创造了“gene”一词，但他只是把基因作为“一种计算或统计单位”，反对“基因是物质的、具有形态特征的结构”。而贝特森更是反对一切认为基因是物质实体的学说，认为那都是预成论（一种错误的理论，认为胚胎是在卵细胞或精子内预先存在的）的翻版。

可见，早期的“基因”一词只是一种逻辑推理的产物，是对遗传现象的一种解释，并没有物质内容。随着遗传学的发展，人们对基因的认识也不断深化。

3 基因究竟是什么

20世纪初，借助于光学显微镜，生物学家对细胞结构已经有了进一步的了解，不但发现了细胞内的诸多细胞器，也发现了核内物质。但仍不能明确这些核物质究竟是什么，它们的化学结构和成分如何，仅一致认为染色体具有生物遗传功能，并认为基因的主要成分是蛋白质。

那么，基因究竟是什么？又是如何确认的呢？

1928年，英国伦敦发生了一场流行性肺炎，许多人都被感染了。当时的一名卫生官员格里菲思在研究肺炎双球菌时，发现了一个奇特的现象。当他将少量无毒的粗糙型细菌（R型）与大量的已被高温灭菌杀死的有毒的光滑型细菌（S型）混合在一起注射给小白鼠时，小白鼠很快就得了败血症死掉了。按常理，这种注射是不会要了小白鼠的命的，可是为什么小白鼠会死掉呢？格里菲思百思不得其解，决心弄个究竟。

△ 艾弗里

当他研究死亡小鼠的血液时，意外地发现了大量的有毒的S型活细菌。于是，他得出一个结论，是无毒的R型细菌转化成了有毒的S型细菌，但他无论如何也弄不清楚这种转化是如何发生的。1941年，格里菲思在第二次世界大战德国对伦敦的轰炸之时死亡。他最终也没有弄清转化的原因，更没有意识到他的这个发现的价值与意义。后来，随着生物学的发展，证明了他的这个发现为分子生物学的诞生奠定了基础。

而格里菲思的这个发现的另一层重大意义则在他去世两年后被另一位科学家所证实。1943年，同样研究肺炎病菌的美国科学家艾弗里注意到了格里菲思的发现，并解释了这种现象。原来，外表粗糙但无毒的R型细菌缺乏一种形成光滑外表的酶，而外表光滑且被高温灭菌的S型细菌显然仍存在一种因子，这种因子能够给R型菌株所需的酶，并将R型菌株转化为S型菌株。当时，许多研究人员认为，这种因子是一种蛋白质。

△ 赫尔希

不过，艾弗里并未附和这种说法，他要用实验来证实。1944年，艾弗里与同事经过反复实验，最后证实这种因子就是纯粹的脱氧核糖核酸即DNA，而不是蛋白质。这个结论也证明，遗传物质是核酸而与蛋白质无关。此后的1952年，美国微生物学家赫尔希再次证明，进入细菌细胞的是噬菌体的核酸，而不是与其相关的蛋白质。至此，有关基因的认识才从蛋白质转到脱氧核糖核酸身上。赫尔希也因其在生物研究方面的卓越贡献而分享了1969年的诺贝尔生理学或医学奖。

4 分子生物学先驱——薛定谔

艾弗里的发现让当时的学术界对基因的本质是核酸的观点的一切疑惑与责难烟消云散。至此，我们也可以确切地说，生命的遗传完全取决于核酸。子代从父代继承的只是核酸，一半来自父本，一半来自母本。每一个受精卵都将按照核酸的指令生长、发育，最后发展成具有双亲特征的生物个体。

从遗传学的发展历史来说，艾弗里以及赫尔希的研究成果具有划时代的意义，既揭示了DNA的化学本质，推动了生物化学的发展，也将遗传学的研究提升到分子水平，为解释遗传物质的结构与功能，从分子水平解读生命的奥秘打下了基础。

△ 埃尔温・薛定谔

艾弗里揭开了遗传物质的化学本质，使得许多物理学家、化学家开始研究遗传物质的理化性质。一时之间，生物遗传学领域可谓气氛高涨，人才济济。这其中，比较有代表性的当属量子力学创始人之一，也是当时学术界物理科学的领军人物，诺贝尔奖获得者薛定谔了。

埃尔温・薛定谔（1887—1961）是奥地利物理学家，波动力学创始人。第一次世界大战期间，他曾服役于一个偏僻的炮兵要塞，常利用闲暇时间研究理论物理学。战后他回到了一家较为专业的物理研究所工作。薛定谔于1926年提出其波动方程，当时他已39岁。比起量子力学史上的其他英雄们，他可谓是大器晚成，在这一点上，他倒是与卸任的柏林大学物理学家普朗克很相似。

在第二次世界大战中，薛定谔因受纳粹迫害而离开家乡寄身于爱尔兰，一待就是十几年。作为科学家，薛定谔的目光开阔而又深刻，理性而又坚定，物理学仅仅是他理解世界的一个窗口，而追求科学的统一，才是他毕生的信念和追求。

1943年2月，薛定谔受邀在爱尔兰都柏林大学圣三一学院做了几次关于生命的公开讲演。1944年，薛定谔把这些关于生物学的演讲稿整理成册，并命名为《生命是什么》，然后送交出版社出版。在序言中，他写道："我们的真正目的就是对世界的本质的统一的理解。"也许正因为如此，这本不到100页的小册子一经出版就大受欢迎，很快被翻译成法、德、俄等多种文字在世界范围内传播，并于1973年译成了中文版本。

△《生命是什么》中文版

在《生命是什么》一书中，薛定谔试图用热力学、量子力学和化学理论来解释生命的本性，虽不尽完美，但缘于他在学术界的崇高地位与影响，这本书却使许多青年物理学家开始注意生命科学中提出的问题，并起到了引导人们用物理和化学方法来研究生命的本质的作用，薛定谔也由此成为蓬勃发展的分子生物学的先驱。

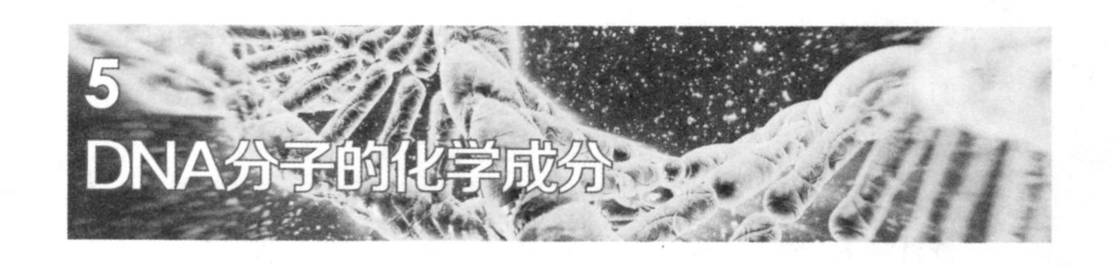

5 DNA分子的化学成分

在薛定谔之前用化学手段研究复杂的生命简直是不可想象的。在《生命是什么》一书出版以后，许多科学家开始用物理和化学方法来研究生物，即从强调整体转到重视具体机制，从强调生命与非生命的差别转到强调两者之间的同一性，从单学科研究转到多学科综合研究。不久，生物学家才发现作为遗传物质的核酸不但能水解分裂成碱基片段，而且可以用一系列测定技术进行定量分析。由此进一步发现了核酸是由4种不同的核苷酸组成的，每一种核苷酸是由嘌呤碱或嘧啶碱、核糖或脱氧核糖以及磷酸三种物质组成的化合物。英国著名生物化学家托德还根据实验结果得出四种核苷酸的连接方式：两个相邻核苷酸的糖分子由一个磷酸连接着，因此，核酸分子中贯穿着一个“糖—磷酸”骨架，由这个骨架伸出嘌呤和嘧啶，每一个核苷酸都伸出一个。

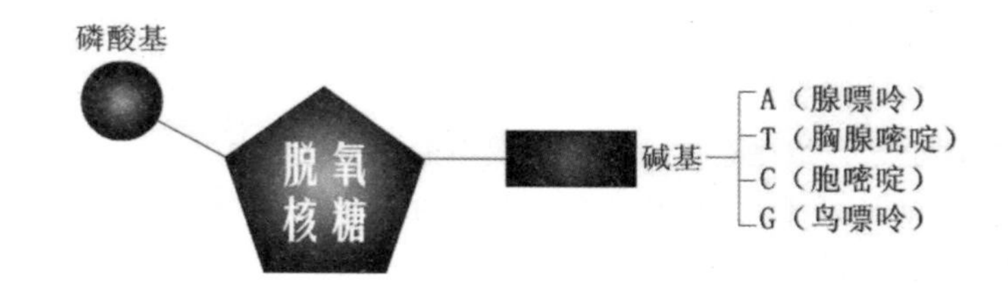

△ 脱氧核糖核酸结构成分

1950年，美国生物化学家查尔加夫用纸层析法分析了脱氧核糖核酸（DNA）的组成成分，发现：不同来源的脱氧核糖核酸分子中，嘌呤类核苷酸的总数总是与嘧啶类核苷酸的总数相等，腺嘌呤核苷酸（A）的数目总是等于胸腺嘧啶核苷酸（T）的数目，鸟嘌呤核苷酸（G）的数目等于胞嘧啶核苷酸（C）数，即A=T、G=C、A+G=T+C。这个发现被称为查尔加夫规则。

此后，查尔加夫经过进一步研究发现，DNA碱基的4种不同的排列方式，可以携带大量的遗传信息，是一座十分庞大的遗传密码库。4种碱基不是随意组合的，而有一种共同遵守的规律，不论DNA的来源如何，在四种碱基中，A总跟T配对，C总跟G配对。这种严格的碱基配对叫做碱基互补配对原则。

发现碱基互补配对原则以后，生物学家们又不得不面临一系列新的难题：诸如DNA应该有什么样的结构，才能担当遗传的重任；DNA应如何携带遗传信息，并能够自我复制以及传递遗传信息；基因是如何突变并保留给子代的；DNA应如何让遗传信息得到表达以控制细胞活动。这四个问题也是生物遗传与变异的根本问题，只有解释清楚这些问题才能够对DNA有一个准确的认识。

那么，如何来研究并确定DNA的结构与特性呢？回顾那个时代的历史，揭开DNA之谜的并非人们想象中的专攻遗传的科学家，而是物理学家与生物学家以及化学家的亲密合作。在当时的情况下，DNA化学本质的确定，以及薛定谔对生命本质的思考，极大地影响了那个时代的许多科学家，并促使他们使用不同的方法来解开DNA之谜。据后来的统计，在这个过程中，曾出现过三个主要学派，分属三个各不相关的研究小组，并在学术观点上产生了激烈的交锋。

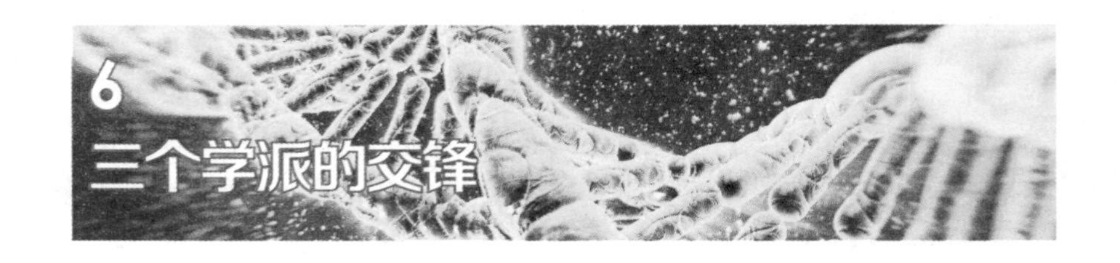

6 三个学派的交锋

在解开DNA之谜的这个过程中，出现的三个主要学派分别是以伦敦皇家学院的莫里斯·威尔金斯和罗莎琳德·富兰克林为代表的结构学派，以美国加州理工学院莱纳斯·卡尔·鲍林为代表的生物化学学派和以剑桥大学的詹姆斯·沃森和弗朗西斯·克里克为代表的信息学派。

威尔金斯本是新西兰物理学家，促使他放弃物理研究而走上生物研究的动因是他后来回忆的“因原子弹而对物理失去兴趣，并被能够控制复杂生命的大分子所打动，进而对生物学产生了浓厚的兴趣”。他在研究分子结构之时，选择了DNA作为研究生物大分子的材料。在当时的科技条件下，提纯DNA已是成熟的技术，这为威尔金斯的研究创造了条件。

△ 莫里斯·威尔金斯

在20世纪50年代的物理学技术中，X射线已广泛应用。威尔金斯采用“X射线衍射法”与他的同事一起获得了世界上第一张DNA纤维X射线衍射图。由此，他认为DNA分子是单链螺旋的，并在1951年意大利生物大分子学术会议上汇报了他们的研究成果。当时信息学派的沃森也参加了这次会议，并受到很大启发。

结构学派的另一位代表人物富兰克林是一位卓越的英国女科学家，在威尔金斯的成果问世后仅一年即1952年，她在DNA分子晶体结构研究上成功地制备了DNA样品，并通过X射线衍射拍摄到一张举世闻名的B型DNA的

X射线衍射照片。由此，她还推算出DNA分子呈螺旋状，并定量测定了DNA螺旋体的直径和螺距。当时，富兰克林已认识到DNA分子不是单链，而是双链同轴排列的，但却没能通过实验来证实。

△ 莱纳斯・卡尔・鲍林

生物化学学派的代表人物鲍林是美国著名的化学家，他一直致力于从化学结构的角度来研究生物大分子DNA以及蛋白质在细胞代谢与遗传中相互作用的规律。在威尔金斯发表成果的同年，鲍林也成功地建立了蛋白质的α-螺旋模型。

信息学派的两位代表人物沃森和克里克与威尔金斯、富兰克林、鲍林的研究方向不同，他们主要研究信息如何在有机体世代间传递以及信息如何被翻译成特定的生物分子。在当时的情况下，沃森和克里克无论是在科学实验的经验，还是在学术界的声望和成就方面都无法与威尔金斯、富兰克林、鲍林相比。然而，他们选对了方向，并融合了其他学派的研究成果，以至于在很短的时间内，准确解读了DNA分子的双螺旋结构，并建立了模型，从而跃上20世纪的生物科学的巅峰，获得了前所未有的成功。

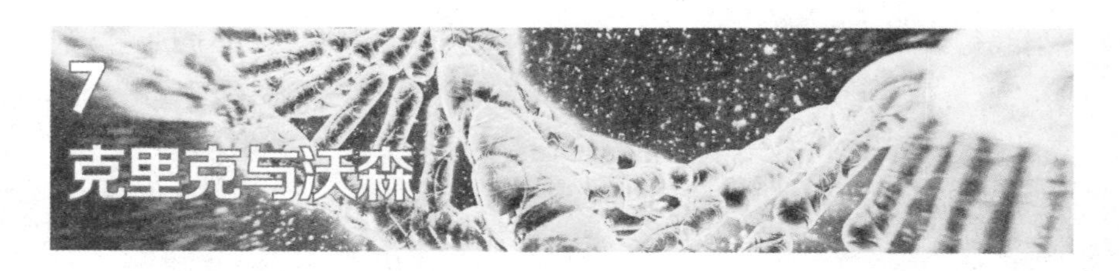

7 克里克与沃森

△ 弗朗西斯·克里克

1916年，弗朗西斯·克里克出生在英格兰中南部一个郡的首府的北安普顿。克里克从小酷爱物理学，1934年中学毕业后考入伦敦大学物理系，3年后大学毕业，随即攻读博士学位。1939年，在他博士二年级时，正赶上第二次世界大战爆发，被英国海军征召研究武器操作系统，并为英国海军制造磁性水雷的研究工作，但也没有什么成就。战争结束后，步入而立之年的克里克在事业上仍一事无成。恰在此时，薛定谔的《生命是什么》小册子问世。阅读之后，克里克对基因产生了浓厚兴趣，决定放弃物理学的研究，开始自修生物学。为了追求他所感兴趣的东西，克里克访问了多个实验室，拜访了多位科学家，最后决定留在斯特兰奇韦斯实验室进行科学研究，在不到两年的时间里，研究了磁场对粗纤维原细胞的作用。1947年，由于有生物学研究的经验，克里克进入了剑桥大学的卡文迪许实验室做研究，方向是蛋白质的X射线衍射。1951年，正当他苦苦思考基因与蛋白质结构间的关系之时，沃森恰巧也进入卡文迪许实验室进修博士后，更巧的是两人同用一间办公室。

与克里克不同，詹姆斯·沃森是名副其实的生物学家，在少年时代就曾获得过天才少年的称号，对生物特别是动物有着本能的天赋。1947

△ 詹姆斯·沃森

年，沃森毕业于芝加哥大学动物学系，与克里克相同的是，沃森也曾在大学期间阅读了薛定谔的《生命是什么》一书，并深深地被调控生命的基因所吸引。此后，当卢里亚（一位从事噬菌体研究的先驱者）成为他的导师时，沃森就有了很好的机会来从事这方面的研究，并由此打下了良好的遗传学基础。在当时的沃森是博士后，而克里克博士尚未毕业。正因如此，后来人们提及DNA结构的发现之时，常将沃森的名字排在克里克之前。但事实上，克里克对DNA研究的贡献比沃森要大，因为，克里克对DNA的研究起着引领的作用。

沃森来到卡文迪许实验室不久，共同的研究兴趣与方向让两人很快达成了共识，并决定密切合作攻克DNA的难题。两人一致认为，在研究方法上，应该利用物理学的数据和化学的规律，并从此出发研究DNA的模型。在建立模型之时，不只是考虑结构，还要联系DNA的功能与信息，要能够解释遗传和细胞代谢方面的机理。在这个大的前提下，DNA模型的建立，既要以物理、化学、数学研究的成果为依据，如X射线衍射结果、碱基配对的力学要求等，更要兼顾生物化学知识的运用，如氢键、键角关系等。这在当时是一种很先进的思想。在这种思想的指导下，两人开始联手攻克难关。

8 DNA分子模型的建构

在总结威尔金斯、富兰克林、鲍林研究成果的基础上，克里克与沃森先后建立了三套模型，第一个模型是一个三链结构，这是在对实验数据理解错误的基础上建立的，即设想DNA螺旋体是由三条链组成的螺旋体。由于这个模型在解释遗传机理方面遇到了不可克服的困难，故以失败告终。

第二个模型是一个双链的螺旋体，核糖和磷酸骨架在外，碱基成对的排列在内，碱基是以同配方式即A与A、C与C、G与G、T与T配对。由于配对方式的错误，这个模型同样宣告失败。不过，这次失败也为成功地建立第三个模型打下了基础。

1953年，沃森灵光一现，放弃了碱基同配方案，采用碱基互补配对方案，终于设计出了第三套模型。事实上，查尔加夫早在1950年就已发现了关于碱基配对的研究结果，但奇怪的是，研究DNA分子结构的三个学派却都将它忽略了。甚至在查尔加夫1951年春天访问剑桥并与沃森和克里克见面后，他们对他的研究结果也没有重视。直到两次设计的模型都失败后，沃森和克里克才终于意识到查尔加夫的研究成果的重要性。

△ DNA碱基配对方式

第三个模型设计出来以后，沃森和克里克又经过反复核对和完善，终于在1953年3月18日成功建立了DNA分子双螺旋结构模型，并于4月25日在英国的《自然》杂志上发表。在发表的研究成果中，首次清晰地描述了DNA分子的存在状态：DNA分子是由两条平行的脱氧核苷酸长链向右螺旋形成的；DNA分子中脱氧核糖和磷酸交替连接，排列在外侧，构成基本骨架，碱基排列在内侧；两条链上的碱基通过氢键连接起来，形成碱基对，即A与T、G与C配对；DNA分子中两条脱氧核苷酸长链中的原子排列方向相反，一条是5′→3′（数字表示脱氧核糖中的碳原子编号），另一条是3′→5′，状如扭成麻花状的梯子。虽然这篇文章只有1000多字，且只配了一个插图，却在学术界引起了强烈的轰动。数个星期之后，沃森和克里克又在《自然》杂志上进一步提出了DNA分子复制的假说——半保留复制机制，为进一步揭示遗传信息的奥秘提供了广阔的前景。

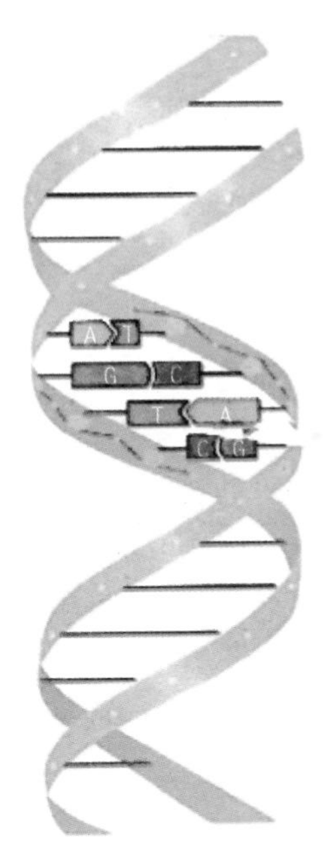

△ DNA分子的双螺旋结构

至此，克里克与沃森的合作告一段落，世界终于从克里克与沃森的创造性研究中了解了DNA作为遗传物质的存在方式，也初步揭开了DNA的化学结构，合理解释了DNA分子信息携带的基本原则，揭开了生物遗传学新的一页。由于沃森、克里克和威尔金斯在DNA分子研究方面的卓越贡献，他们分享了1962年的诺贝尔生理学或医学奖。而另一位对DNA结构有突出贡献的科学家——富兰克林则因早逝而与诺贝尔奖无缘。

9 DNA分子模型对遗传机制的解释

尽管克里克与沃森于1953年成功建构了DNA分子模型，但这一模型只是对DNA分子结构的一种科学假设，而这种假设是否真实地反映了生物遗传的机制还没有得到验证。事实上，在两人建构成功DNA分子之初，并没有完全解决生物遗传过程中的一些关键问题。所以，只能说在模型建立之初，他们所做的只是一些假设，而后来的实验证实了这种假设的正确性。

在1954年发表的文章中，克里克和沃森以谦逊的笔调暗示了他们建构的DNA分子模型在遗传上的重要性："我们并非没有注意到，我们所推测的特殊配对立即暗示了遗传物质的复制机理。"并在后来发表的论文中进一步描述了这个模型的重大意义。

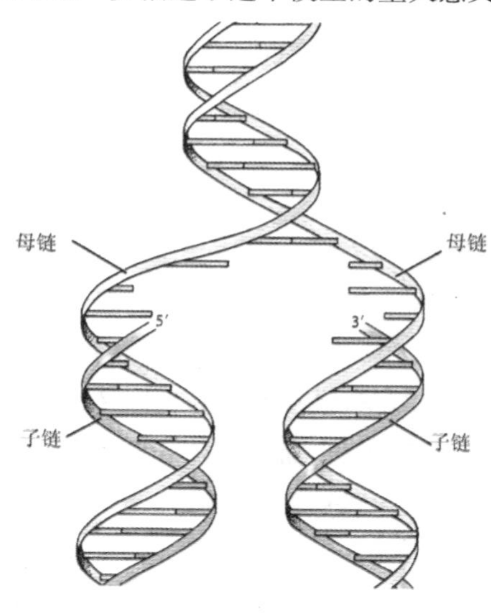

△ DNA分子的半保留复制

第一，这个模型能够说明遗传物质自我复制的机制，即"半保留复制"。这个机制的基本设想是，在DNA分子自我复制时，亲代的双链首先分离成两条单链，然后每条单链各自作为新链合成的模板。当复制完成以后，会形成两个子代DNA分子，并分配到两个细胞中，而且每个分子的核苷酸序列都与亲代完全相同。这个假设直到5年后的1958年，才由马修·麦赛尔逊和富兰克林·斯塔勒用同位素追踪实验证实。这个假设解释了生物性状在遗传上的稳定性的根本原因。

第二，这个模型能够说明遗传物质是如何携带信息的。这个模型所强调的碱基配对原则，实际上就是强调核苷酸的排列顺序，这个顺序也代表了生物的遗传信息。在这一点上，克里克与沃森的模型事实上确定了此生物非彼生物的根本性因素。

第三，这个模型能够解释基因是如何发生突变的。所谓基因突变，就是基因在结构上发生碱基对组成或排列顺序的改变，这种变化可以通过复制得到保留，是一种可遗传的变异现象 。因此，这个模型也解释了生物变异的根本原因。比如摩尔根实验中果蝇的性状变化实质上就是基因突变。

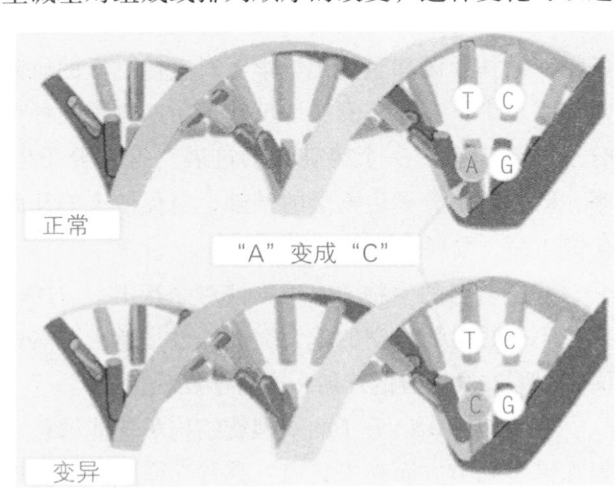

△ 基因突变

以上三点，完美地解释了生物遗传过程中的三个主要问题。但是，这个模型却仍然不能解释遗传信息是如何得到表达并控制细胞活动的。直白点就是，这个模型不能解释DNA中携带的遗传信息是如何控制受精卵在生长、发育过程中分裂出不同的细胞，并构成不同的、精巧的器官的。事实上，直到目前，生物学家也仍未能对此做出合理、全面的解释。

以克里克与沃森构建DNA分子双螺旋结构模型为分界点，在此之前人们对遗传物质的认识是笼统而又零碎的，既不能解释遗传的机理，也不能确切了解遗传物质的特性。克里克和沃森的研究将各自独立的信息学派、结构学派和生物化学学派对遗传物质的研究成果有机地统一在一个体系之中，客观、真实地反映了DNA分子的种种特性，使人们对DNA分子的认识有了一个突破性的进展。这是分子生物学史上划时代的创举，既奠定了分子生物学的基础，也促使人们从此开始从分子的角度来研究生命，发展生命科学。

我国著名的生物学家谈家桢对此指出："DNA分子双螺旋结构的发现，不仅是生物科学的重大突破，也是整个自然科学的辉煌成就，其意义足以同迄今已有的任何一次科学发现相媲美。"

在当时，DNA分子的双螺旋结构尽管能够较充分地解释遗传机制，但在诸多细节方面尚未贯通，其首先面临的问题就是与蛋白质的关系。作为最基本的生命物质，科学家们对蛋白质的认知历史已有相当长的时间了，对蛋白质的形成也已有了深入的研究。当时的生物学界对"基因的主要功能是控制蛋白质的合成"已形成一个共识。DNA分子模型的问世也让科学家们试图进一步解释清楚DNA与蛋白质的关系。

那么基因又是如何控制蛋白质的合成呢？DNA与蛋白质又有什么样的关系呢？在当时的科学界，借助于电子显微镜以及各种实验手段，人们对蛋白质的化学构成已经有了较为充分的认识：蛋白质是一种氨基酸以脱水缩合的方式结成肽链，再由一条或一条以上的肽链按照其特定方式结合而成的高分子化合物。它是构成生物体组织器官的主要物质，通常由20种基本氨基酸构成，在生物体生命活动中起着非常重要的作用。

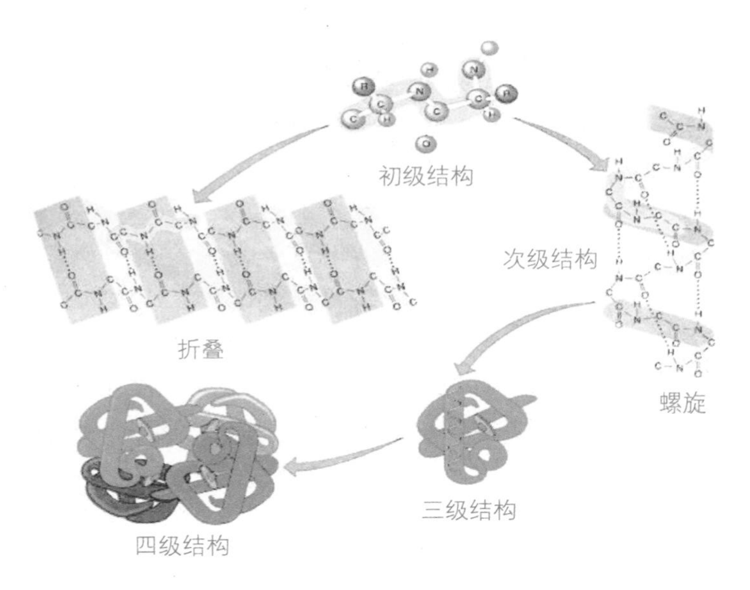

△ 蛋白质的结构示意图

可以说没有蛋白质就没有生命活动的存在。不过，从蛋白质与DNA在细胞中的分布来看，DNA存在于细胞核中，而蛋白质主要分布在细胞质中，二者类似于鸡蛋的蛋黄与蛋清的关系。这为证明DNA决定蛋白质的合成形成了较大的困难。在克里克与沃森提出DNA的双螺旋结构之后的一段时间内，有人提出了几种DNA控制蛋白质合成的假设，但都不能做出完美的解释。沃森也对这个问题进行了研究，但他的假设最后也被克里克否定掉了。

11 克里克的序列假说与中心法则

在DNA的双螺旋结构提出之后，克里克指出，DNA和RNA（细胞质内的核糖核酸）本身都不可能直接充当连接氨基酸（构成蛋白质的基本单位）的模板。他认为遗传信息仅仅体现在DNA的碱基序列上，还需要一种连接物将碱基序列和氨基酸连接起来。按照这个设想，克里克又进行了深入研究。

1958年，即克里克博士毕业后一年，克里克又提出了两个学说，进一步丰富了分子遗传学的理论体系，并解释了DNA对蛋白质合成的决定作用。

第一个学说是“序列假说”，主要观点是一段核酸的特殊性完全由它的碱基序列所决定，由此推论，碱基序列也决定着一个特定蛋白质的氨基酸序列，蛋白质的氨基酸序列决定了蛋白质的三维结构。

第二个学说是“中心法则”，主要内容是遗传信息只能从核酸传递给核酸，或核酸传递给蛋白质，而不能从蛋白质传递给蛋白质，或从蛋白质传回核酸。沃森后来把这个中心法则更明确地表示为：遗传信息只能从DNA传到RNA，再由RNA传到蛋白质。

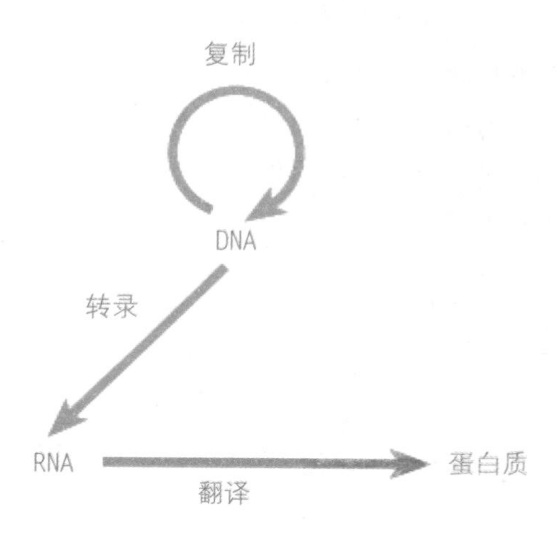

△ 克里克提出的中心法则

后来，在人们弄清了三种RNA即信使RNA

（mRNA）、核糖体RNA（rRNA)、转运RNA（tRNA）的存在及作用，知道DNA经过转录可以形成mRNA，mRNA穿过核孔进入细胞质，在核糖体上以mRNA为模板，以tRNA为运载工具合成蛋白质后，克里克对中心法则又进行了修改。

在对这两个假说的最终解释中，克里克描述了核内物质DNA上的碱基决定核外物质氨基酸的序列的过程——在细胞分裂过程中，DNA分子边解旋，边转录，利用细胞核内游离的核苷酸合成所需要的碱基，并按碱基互补配对的原则形成mRNA，不过，在以单链DNA分子为模板转录的过程中，在碱基配对时，A却没有配上T，而是配上了U（尿嘧啶），所以在mRNA中没有T。转录的过程在细胞核内完成。转录完成后，mRNA穿过核孔和细胞质中的核糖体结合并按照mRNA上的信息，使携带特定氨基酸的tRNA依次进入核糖体，并在核糖体中完成氨基酸的排列次序，形成不同的肽链，这个过程在遗传学上称为“翻译”。然后，一条或几条肽链经过进一步加工、折叠形成蛋白质，并成为细胞质中的独立成分。

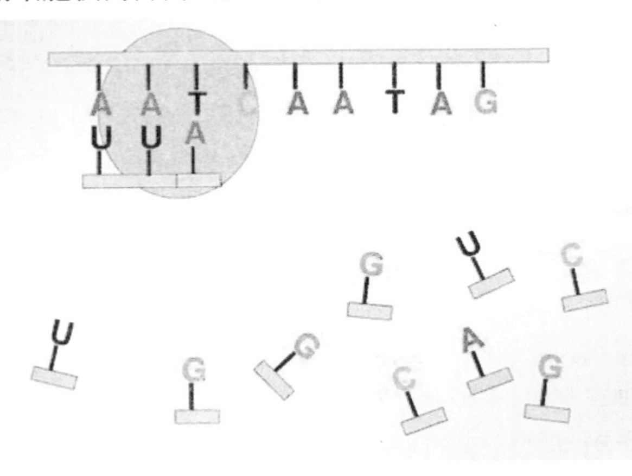

△ RNA碱基配对方式

中心法则近乎完美地描述了DNA上碱基的次序是如何按照碱基配对原则传递给mRNA的，mRNA又是如何通过tRNA来决定氨基酸的排列次序的。不过，当时还没有确定的是什么样的碱基次序决定什么样的氨基酸，以及碱基的次序即遗传密码究竟由几个碱基来决定。这些问题直到克里克提出中心法则3年后才得以解决。

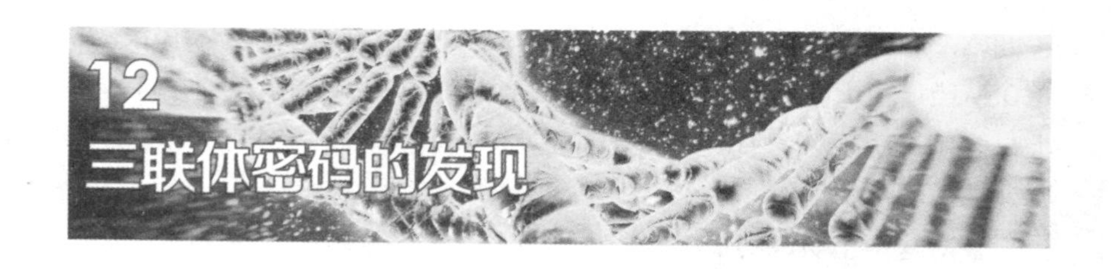

12 三联体密码的发现

中心法则问世以后，科学家们最初猜想1个碱基决定1种氨基酸，那就只能决定4种氨基酸，显然不够决定生物体内的20种氨基酸。那么2个碱基结合在一起，决定1个氨基酸，就可决定16种氨基酸，显然还是不够。如果3个碱基组合在一起决定1个氨基酸，则有64种组合方式。看来3个碱基的三联体就可以满足20种氨基酸的表示方式了，而且还有富余。但猜想毕竟是猜想，还要有严密的论证才行。

1961年，克里克与英国科学家悉尼·布雷诺合作，用T噬菌体为实验材料，研究基因的碱基增加或减少对其编码的蛋白质会有什么影响。他发现，在编码区增加或删除1个碱基，便无法产生正常功能的蛋白质；增加或删除2个碱基，也无法产生正常功能的蛋白质。但是当增加或删除3个碱基时，却合成了具有正常功能的蛋白质。这样克里克通过实验证明了遗传密码中3个碱基编码1个氨基酸，阅读密码的方式是从一个固定的起点开始，以非重叠的方式进行，编码之间没有分隔符。据此，克里克认为，不仅存在一个三联体密码字典，可能还有起始密码、终止密码和同义密码，并由此拉开了密码子研究的序幕。

同年，美国的两位分子遗传学家马歇尔·尼伦伯格和约翰·马特哈伊破解了第一个密码子。他们在实验室内把大量的大肠杆菌磨碎制成无细胞提取液，其中含有蛋白质合成所必需的各种酶和氨基酸，然后装入试管，加入少量ATP和人工合成的聚尿嘧啶核苷酸，结果合成的肽链完全是由苯丙氨酸（氨基酸的一种）连接起来的。这一实验说明，苯丙氨酸的密码子一定是UUU。用同样的方法，得知脯氨酸的密码子是CCC、赖氨酸的密码子是AAA等。

此后，经过生物学家们的努力，在1966年，64种遗传密码（包括3个

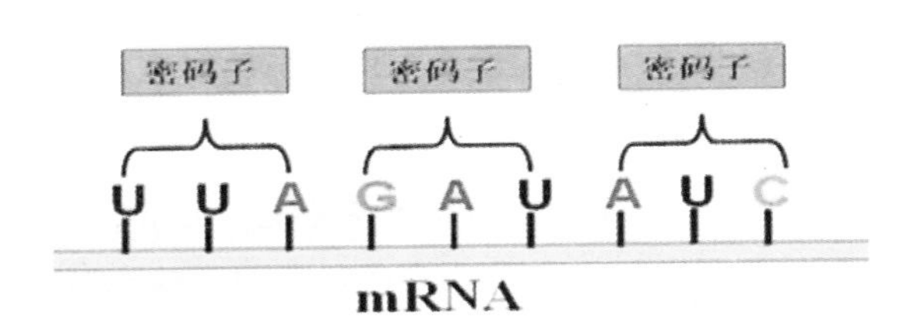

△ 三联体密码

终止信号）全部被鉴定出来，并得出三个较为具体的结论：一是所有遗传密码都是由三个连续的核苷酸组成；二是许多氨基酸的密码子并非一个，而是由许多近似的核苷酸组成，即存在简并码；三是3个碱基的64种组合中，有61种可以用于编码各种氨基酸，其中AUG、GUG还是翻译的起始信号，称为起始密码子，另外三种组合不能编码任何氨基酸，是编码的终止符号，它们是UAA、UAG、UGA，称为终止密码子。至此，克里克的假设得到了完美的验证，遗传密码的研究也告一段落。

1969年，在克里克及其他科学家的不断努力下，克服种种困难，将核酸中的碱基排列与蛋白质合成联系起来，制成了遗传密码表，使内容更加一目了然，人们能够更加迅速地掌握氨基酸合成时碱基的三联体密码。后来，人们常把它与门捷列夫的化学元素周期表相媲美，它是生物学发展史上一座重要的里程碑。

五　基因工程

DNA的结构以及在遗传方面的功能一经发现，生命的奥秘也由此掀开了神秘的面纱，并散发出神奇的无法抗拒的魅力，吸引着众多科学家们对此做出充满希冀的探索。由此，催生出了基因研究领域一系列新的发现与技术突破，基因工程由此诞生了。

1 基因的剪切与重组

在克里克与沃森提出DNA分子的双螺旋结构以后，生物学家们的目光几乎完全集中在对DNA分子的研究之上，并不断有新的研究成果问世。

1967年，世界上有5个实验室几乎同时而且独立地发现并提取出一种酶，这种酶可以将两个DNA片段连接起来，修复好DNA链的断裂口。1974年以后，科学界正式肯定了这一发现，并把这种酶叫做DNA连接酶。从此，DNA连接酶就成了名副其实的“缝合”基因的“分子针线”(或称“分子胶水”)。只要在两种末端相互匹配的DNA碎片中加上“分子针线”，就会把两种DNA片段重新连接起来。这一发现在分子生物学上具有十分重要的意义，其作用在于可以让生物学家按自己的意愿将任意两条DNA分子链连接在一起，从而让DNA分子由短变长，进而改造细胞核内的遗传物质的性状，改变生物的遗传特性。

不过，只能接长还不够，还要能够裁短。1968年，三位科学家沃纳·阿尔伯、丹尼尔·内森斯和汉密尔·史密斯第一次从大肠杆菌中提取出了限制性内切酶。这种酶能够在DNA上寻找特定的“切点”，认准

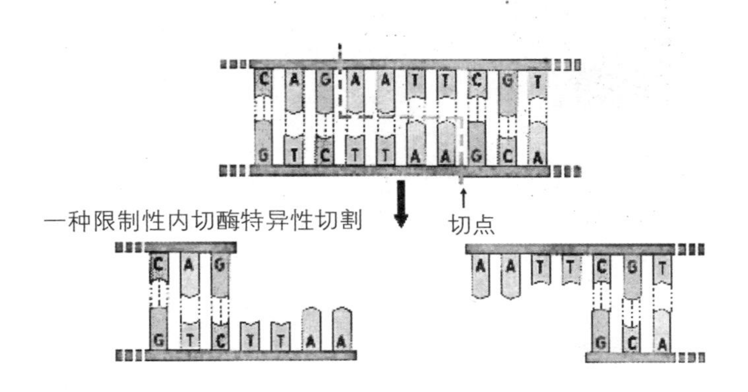

△ “分子剪刀”作用示意图

后将DNA分子的双链交错地切断。人们把这种限制性内切酶形象地称为“分子剪刀”。由于限制性内切酶的发现，阿尔伯、内森斯和史密斯共享了1978年的诺贝尔生理学或医学奖。

自20世纪70年代以来，人们已经分离提取了400多种“分子剪刀”，其中许多“分子剪刀”的特定识别位点（切点）已被弄清。有了形形色色的“分子剪刀”，人们就可以随心所欲地对DNA分子长链进行切割了。1972年，美国斯坦福大学的生物学家保罗·伯格等人完成，把猿病毒的DNA和λ噬菌体的DNA用同一种限制性内切酶切割后，再用DNA连接酶把这两种DNA分子连接起来，产生了一种新的重组DNA分子。这是科学家们首次进行的基因重组实验，具有开创性意义。伯格也因此于1980年获得了诺贝尔化学奖。然而，伯格的研究仅限于基因的重组，并没有进一步研究重组基因在宿主中表达方面的问题。

2 斯坦利·科恩的设想

在伯格将基因进行重组的同时，斯坦福大学的另一位科学家斯坦利·科恩也在进行着类似的研究。

△ 斯坦利·科恩

科恩本是从事细菌抗药性研究的专家，本科就读于美国罗格斯大学的生物学专业，后在宾夕法尼亚大学获得医学博士学位，并于1967年在位于纽约布朗克斯的爱因斯坦医学院完成了博士后研究。科恩1968年才来到美国斯坦福大学任教，并选择了细菌抗药性作为主要研究课题。在研究过程中，他发现细菌的抗药性基因与染色体上的DNA无关，而是存在于称为“质粒”的一种小型环状DNA分子之上。这个发现让科恩将实验的目的完全集中在“质粒”之上。

为了研究质粒，必须要找到一种复制质粒的方法。正在科恩苦苦思索复制的方法之时，他的一个实习生的发现让他欣喜异常。这个实习生在科恩的实验室发现，经过氯化钙溶液处理过的大肠杆菌可以吸收质粒DNA分子，并且在细胞分裂繁殖之时，子代细胞中也含有该质粒。这实质上找到了一种把一个质粒DNA分子复制成成千上万个完全一样的质粒DNA分子的方法。人们后来将这种复制DNA分子方法称为“克隆”。

这个复制方法发现以后，科恩随即萌生出一个前所未有的设想：如果将质粒DNA分子进行剪切、连接，就可以得到人工质粒DNA分子，

再将这种人工质粒DNA分子植入大肠杆菌细胞中并随其细胞分裂，就可以通过观察大肠杆菌的变化而观察到不同DNA分子片段的功能。然而，尽管理论设计十分完美，但受实验技术手段的局限这个实验一直没能进行，直到另一位美国科学家——赫伯特·伯耶的出现才让科恩的设想变成了现实。

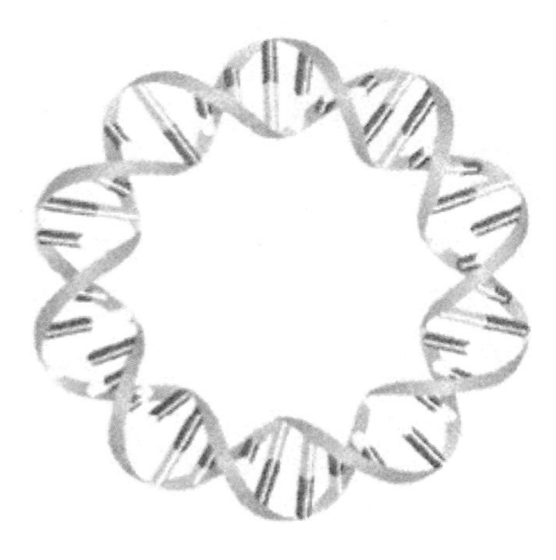
△ 质粒DNA分子

说起来，伯耶与科恩都曾在宾夕法尼亚州学习过，两人的年龄也差不多，而且主修的都是医学。不过，伯耶受克里克与沃森的影响而转向了DNA的研究。伯耶本科毕业于宾夕法尼亚圣文森特学院，并获得生物学和化学学士学位。为了实现自己的梦想，他选择了细菌遗传学继续深造，并于1963年获得博士学位。此后，伯耶在耶鲁大学攻读博士后，并选择了酶学和蛋白质化学研究方向，原因是他对当时预测的一种重要的酶——限制性内切酶产生了极大的兴趣，也正是因伯耶对该酶的研究而开创了基因工程时代。1966年，由于政治原因，伯耶离开东海岸来到加州大学旧金山分校并成为生物化学与生物物理系的助理教授，并获得了一个实验室，从而可以继续进行限制性内切酶方面的研究。1968年，伯耶最终锁定大肠杆菌为研究对象，并最终从中分离到了该类酶。

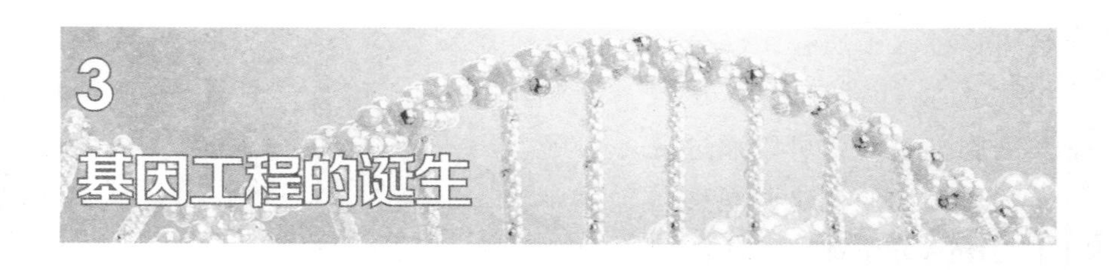

3 基因工程的诞生

在科恩确立了人工克隆质粒的方法之后，伯耶领导的科研小组已经发明了一种通过酶的作用来切割与连接DNA分子的技术。

1972年11月，美国和日本的科学家联合在夏威夷的檀香山举办了一次关于细菌质粒研究的国际会议，在会上科恩和伯耶先后宣读了自己的论文。科恩对伯耶的研究成果非常感兴趣，因为，伯耶的研究正是实现他的设想——“将不同质粒的DNA切成片段再重新组合连接进而研究不同部分的功能”——的方法。同时，伯耶也意识到，自己发现的内切酶可以用来将质粒切割成独特的片段，进而研究每个片段的功能。

彼此的欣赏以及彼此的需要让两个人在散会后即兴致勃勃地聚在海滨之畔的一家餐馆，边喝啤酒，边愉快地交流着彼此的看法。两人确认，科恩的质粒是进行DNA片段克隆的理想载体，而伯耶的酶则是切割

△ 赫伯特·伯耶

质粒DNA分子的唯一工具。在轻松融洽的氛围中，科恩向伯耶建议两个实验室联手进行DNA重组实验。伯耶愉快地接受了这个建议，并与科恩一起详细地对实验方案进行了论证，并最终确定了实验的每一个步骤。

4个月后，经过充分准备，斯坦福大学科恩领导的实验小组与加州大学伯耶领导的实验小组开始了正式的合作。按实验设计与分工，科恩负责提纯两种大肠杆菌的质粒，伯耶负责将科恩提供的两种质粒在体外用限制性内切酶进行特异性切割，然后用连接酶将两种切割后的质粒重新组成一个质粒，并将这个重组质粒转移到大肠杆菌内。

1973年的早春，两个人的合作有了激动人心的收获。当第一个经酶切与连接的重组DNA分子提纯出来送到伯耶的实验室后，伯耶马上布置了对这个样品的电泳分析。结果发现，在凝胶上整齐地排列着发着荧光的DNA条带，与原质粒对比，样品新质粒清晰地多出了一条带。这说明连接酶有效地将切割后的DNA分子连在了一起。随后，他们将重组后的质粒转移到大肠杆菌中，结果发现，重组质粒在宿主菌内仍然可以复制和表达。此后，两人又做了一个大胆的实验，将葡萄球菌的质粒转移到大肠杆菌中，发现葡萄球菌的质粒也具有复制的能力。两人激动万分，因为两人都明白这个研究成果将会对生物科学产生什么样的影响，甚至人类社会也会因此而发生历史性的变化。

1973年5月，载录着这项研究的论文手稿完成，并投寄到美国国家科学院会刊。同时，斯坦福大学与加州大学还联合完成了“重组DNA技术”的专利申请工作。同年11月，论文正式发表，并在科学界产生巨大轰动，同时也宣告了基因工程的诞生。这是人类第一次打破物种界限，实现了基因转移，并让世界看到了基因工程的广阔前景。

4 基因工程技术原理

科恩与伯耶的实验证明，基因重组技术可以对不同生物的基因进行新的组合，得到新的物种。从此，生物科学实验完全改变了以往的性质，不再简单地停留在对生物既有性状研究的层面，而深入到生物性状的建构以及新物种的培育层面，并具备了工程学的属性。

科恩与伯耶在DNA分子重组技术上取得巨大成功以后，并没有因此而满足。从技术上来说，大肠杆菌和葡萄球菌都是细菌，亲缘关系较近，重组成功也许是一种必然。那么，亲缘关系较远的物种之间能否成功实现基因重组呢？这个问题也成了科恩与伯耶下一步研究的目标。1974年，伯耶和科恩研究小组在这方面继续合作，并成功地将含有非洲爪蟾基因的质粒整合到宿主大肠杆菌中，这个成功不仅说明亲缘关系较远的物种之间也可以实现基因重组，也进一步打破了物种之间的界限，并让基因工程看到了新的希望。按此推论，人类或动物的基因也可以在大肠杆菌中表达，那么，具有超强繁殖能力的大肠杆菌将可以作为高等生物目的蛋白质生产的“理想工厂”。由此，基因工程将具有更为广阔的应用价值。

从技术上来说，所谓基因工程，就是以DNA重组技术为根本手段的生物再造工程，是目前人类获得新物种的主要手段。其基本过程是将不同来源的基因按预先设计的蓝图，在体外构建杂种DNA分子，然后导入活细胞中，以改变生物原有的遗传特性、获得新品种、生产新产品等的一系列复杂的技术操作。笼统地说，这个过程必须要具备以下条件：第一，要有分离单一的DNA分子的技术；第二，要有将DNA分子切成特定的片段，并将不同的片段连接起来的技术；第三，所组合的DNA分子，要能够顺利地转移至相应的细胞之中，并能够顺利地表达性状。

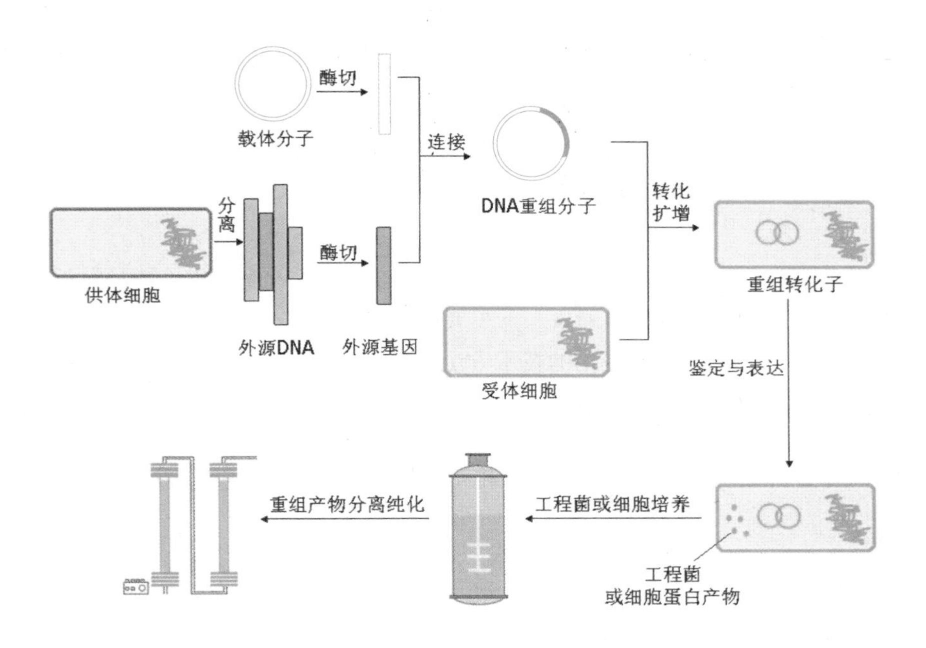

△ 基因工程基本流程示意图

目前，在基因工程实施的过程中，一般有五个步骤：第一步，分离DNA分子；第二步，生产DNA分子片段；第三步，将DNA分子片段与载体DNA分子相连接；第四步，将重组DNA分子导入宿主细胞中；第五步，在宿主细胞繁殖后，筛选出所需要的含有重组DNA分子的宿主细胞。一般来说，重组DNA分子如果在宿主细胞中表达成功，就意味着基因重组成功了。

5 基因工程的主要技术方法（一）

在基因工程实施过程中，生物学家们发明了许多种方法，并且新的方法不断出现，在此简单列举一下主要的方法。

第一步，基因分离使用的技术方法主要有：

1. 浓盐法。原理为利用DNA和RNA在盐溶液中的溶解度不同将两者分离。

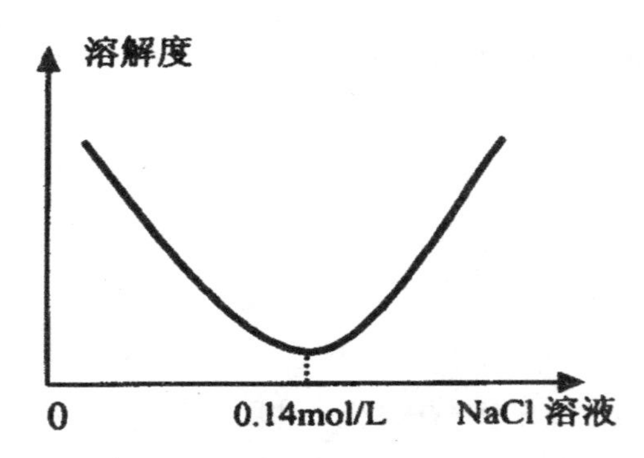

△ DNA在NaCl溶液中的溶解曲线

2. SDS法。SDS是一种阴离子去污剂，在高温（55℃～65℃）条件下，能裂解细胞，使染色体析出，蛋白质变性，释放出核酸。然后经一系列化学方法可以分离出DNA分子。

3. CTAB法。CTAB是一种阳离子去污剂，化学名称为十六烷基三甲基溴化铵。可溶解细胞膜，并与核酸形成复合物。这种复合物在高盐溶液中是可溶的，通过一系列化学方法可以提取出DNA分子。

4. 苯酚抽提法。苯酚作为蛋白变性剂，同时抑制了DNA分子的降解作用。蛋白分子溶于酚相，而DNA溶于水相。这种分离方法可以保持

DNA分子的天然性。

5．磁珠法。磁性微粒挂上不同基团可吸附不同物质，因此可用来分离DNA分子。这是目前较为通用的分离DNA的方法，可以得到纯度较高的DNA分子。此外，玻璃粉或玻璃珠也是一种有效的核酸吸附剂，也可以用来分离DNA。

以上即是目前生物学家们分离DNA分子的主要方法，也是基因工程实施的第一个步骤，它为基因工程的第二个步骤获取DNA片段创造了条件。

第二步，生产基因片段即目的基因使用的基因技术主要有：

1．机械法。用基因切割仪或超声波剪取具有平整末端的DNA片段。

2．酶切法。利用限制酶来切割DNA分子链，取得具有黏性末端或平整末端的DNA片段。

△ 全自动PCR仪

3．反转录法。利用反向转录酶的功能，从mRNA获得与mRNA互补的DNA单链，然后再复制形成双链DNA分子。用这种方法，生物学家们发现了人的胰岛素和血红蛋白的结构基因。

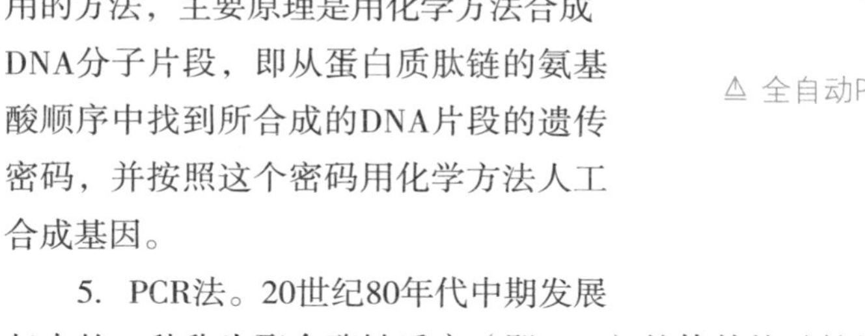

4．化学法。化学法是目前较少使用的方法，主要原理是用化学方法合成DNA分子片段，即从蛋白质肽链的氨基酸顺序中找到所合成的DNA片段的遗传密码，并按照这个密码用化学方法人工合成基因。

5．PCR法。20世纪80年代中期发展起来的一种称为聚合酶链反应（即PCR）的体外核酸扩增技术，这种技术可以将目的基因快速增殖。在几个小时之内就可以将一个基因片段扩增到十万甚至上百万的数量。

6 基因工程的主要技术方法（二）

第三步，DNA分子片段与载体DNA分子连接过程中使用的基因技术手段主要有：

1. 黏性末端（DNA双链的切口常伸出几个核苷酸，不平齐）连接法。将目的基因与所要连接的载体基因经同一种限制酶处理后，再经DNA连接酶处理，就可以将目的基因与载体基因连接起来，形成重组DNA分子。

2. 平整末端（DNA双链切口整齐）连接法。用机械法及某些限制酶剪切的目的基因，具有非黏性的平整末端，在特定的连接酶的作用下，这些目的基因也能够与载体基因相连接而形成新的重组基因。在平整末端连接法中，主要是同聚物加尾法，即在准备连接的目的基因和载体基因的平整末端，分别加上易于聚合的聚合物，如将目的基因的平整末端接上低聚腺嘌呤核苷酸（A），将载体基因接上低聚胸腺嘧啶核苷酸（T），那么，由于两者间能形成互补配对的氢键，即可以通过连接酶完成连接。这种加尾法相当于在准备黏合在一起的两块木板的黏合点抹上胶水，因而易于黏合。

3. 人工接头连接法。这种方法也称衔接物连接法，是指用化学方法合成的一段由10～12个核苷酸组成，具有一个或数个限制酶识别位点的平头末端的双链寡聚核苷酸片段来充当媒介的连接法。如将衔接物的末端和目的基因的末端用多核苷酸激酶处理使之磷酸化，然后通过DNA连接酶使两者连接起来。接着用适当的限制酶消化具有衔接物的目的基因DNA分子和载体DNA分子，结果使二者都产生出了彼此互补的黏性末端。随后按常规的黏性末端连接法，将目的基因同载体DNA分子连接起来。

第四步，在完成以上三个步骤以后，标志着一个新的重组DNA分子的诞生。不过，这个重组基因还需导入适当的宿主细胞中进行复制才能进一步获得大量且一致的重组DNA分子，并且进一步确定重组基因在功能与性状上的表现。所以在完成以上三个步骤后，还要完成宿主细胞的选择，然后将重组DNA分子导入宿主细胞中。这个过程所常用的基因技术手段因选择的宿主细胞不同而有所不同，具体来说主要有：

1. 转化。转化是基因工程诞生过程中最早出现的名词，诞生于以质粒为载体，大肠杆菌为宿主的研究过程之中。大肠杆菌能够有效捕捉与吸收重组DNA分子的质粒，并能够在细胞分裂中表达重组基因，这种现象表现出重组基因已有效转化为宿主细胞的成分，因此生物学家将这种重组基因的植入称为转化。

△ 高效基因转染系统

2. 转染。转染是指以噬菌体为载体的重组基因进入大肠杆菌宿主，并得到性状表达的过程。因该过程类似于生活中常见的感染，因而生物学家们通常称之为转染。在本质上，转化与转染并无本质区别。

3. 转导。转导是以噬菌体（病毒）颗粒为载体所使用的方法，具体来说，噬菌体在与目的基因连接后，在离体状态下，被人工包上了一层宿主所喜欢的蛋白质包壳，类似于糖衣炮弹。此后，在宿主被感染之后，将外源DNA分子转导入宿主细胞之中。由此也发展出一套将重组噬菌体DNA分子包装成成熟的具有感染能力的噬菌体颗粒的技术。

7 基因工程的主要技术方法（三）

4. 显微注射法。如果宿主是比较大的动物或植物细胞，则可以通过显微注射的方式将重组DNA分子导入宿主细胞中。比如，这项技术可以将外源基因直接注入动物的受精卵细胞中，使外源基因整合到动物基因组上，再通过胚胎移植技术将整合有外源基因的受精卵细胞移植到受体的子宫内继续发育，进而得到转基因动物。

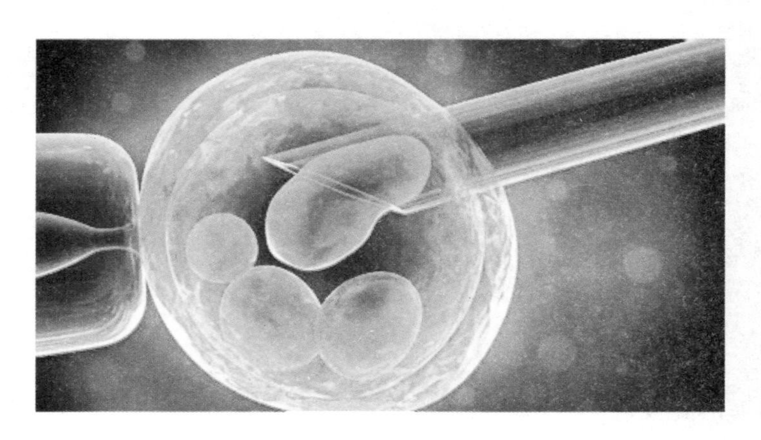

△ 显微注射

5. 电穿孔法。这种方法是近年来发展出来的新技术，主要方式是把宿主置于一个外加电场中，通过电场脉冲在细胞壁上打出利于重组DNA分子通过的孔洞，并通过调节电场强度以及电脉冲的频率和适合的重组DNA分子的浓度，就可以将外源DNA分子穿过孔洞进入细胞。这类实验选择的细胞一般为真核细胞或细菌。此方法由于转化方法便捷、转化率高备受生物学家青睐。

6. 多聚物介导法。这种方法也是近年来发展出来的一种技术，主要方式是在多聚物如聚乙二醇、多聚赖氨酸、多聚鸟氨酸等二价阳离子协助下，可以在原生质体表面形成颗粒沉淀，使重组DNA分子通过胞饮作用（细胞摄取胞外物质的一种方式）进入细胞内。常用于酵母细胞及其他真菌细胞，也可以用于动物细胞。

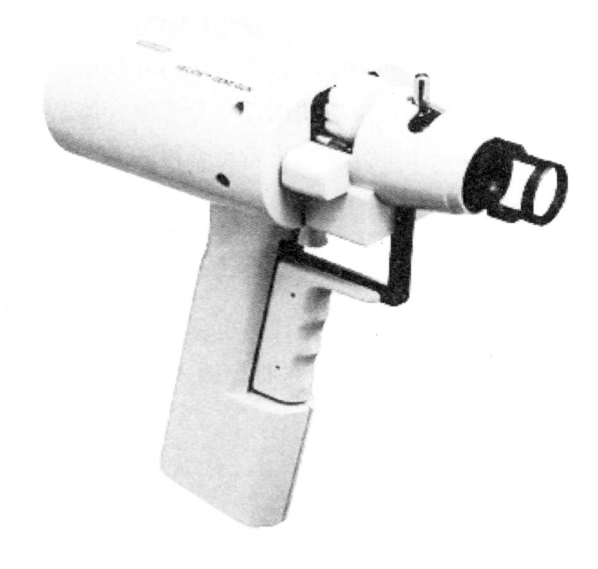

△ 基因枪

7. 基因枪转染法。此方法主要用于植物细胞的转染。原理为利用被电场或机械加速的金属微粒能够进入细胞内的基本原理，先将重组DNA分子溶液与钨、金等金属微粒一起保温，使DNA分子吸附在金属微粒表面，随后加速金属微粒，让高速的金属微粒带着DNA直接进入细胞内部。

8. 脂质体介导法。此法主要用于动物细胞或植物的原生质体，方式是先将重组DNA分子包裹在人工制备的磷质双分子层的膜状结构内，通过脂质体与细胞膜的融合而将DNA分子导入细胞之中。

8 基因工程的主要技术方法（四）

第五步，从宿主细胞中筛选出含有重组DNA分子的转化细胞（即重组子）。一般来说，经过前四个步骤获得的DNA片段中，既有需要的也有不需要的，甚至还包括连接中所使用过的分子聚合体。所以，在宿主繁殖出的细胞中，只有一小部分是真正希望获得的。在这个步骤中，基因工程所采用的技术手段主要有：

1. 遗传学筛选法。这种方法一般用于质粒作为载体的基因重组。如果所选择的载体基因具有较为明显的表现型，那么以其为载体进行基因重组时，这种表型基因也会出现在子代，也就可以根据载体基因的表现型来筛选重组子。按此原则，有抗药性标记插入失活选择法、β-半乳糖苷酶显色法两种主要方法。

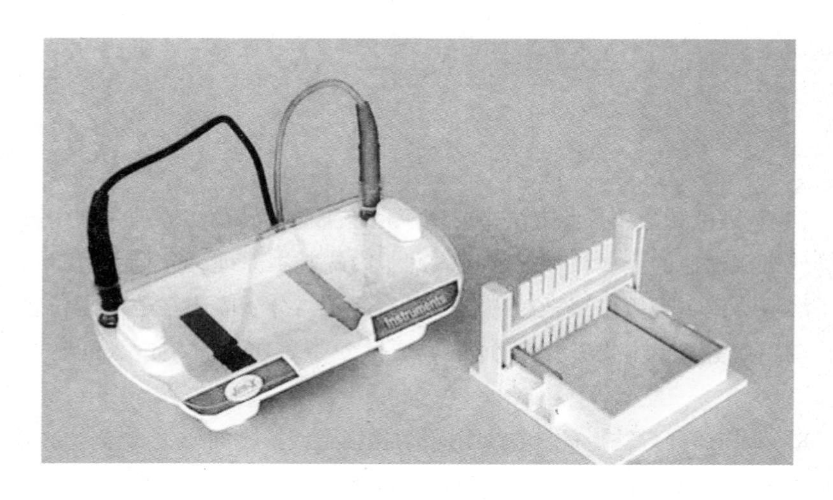

△ 琼脂糖凝胶电泳仪

2. 物理检测法。这是一种最早使用的技术，是从宿主细胞中提取重组DNA分子，利用琼脂糖凝胶电泳的方法来鉴定外源DNA片段是否插入，以及这个插入片段的长度是多少。科恩与伯耶就是使用这种方法鉴定重组DNA分子是否成功的。

3. 免疫学方法和分子杂交检测法。当一个宿主细胞获得了携带有目的基因的载体基因之后，其细胞中也会产生由这种目的基因所编码的蛋白质，用免疫学方法可以检查出这种蛋白质，也就相当于筛选出了重组子。而用分子杂交检测法同样也可以检测这种基因是否存在。

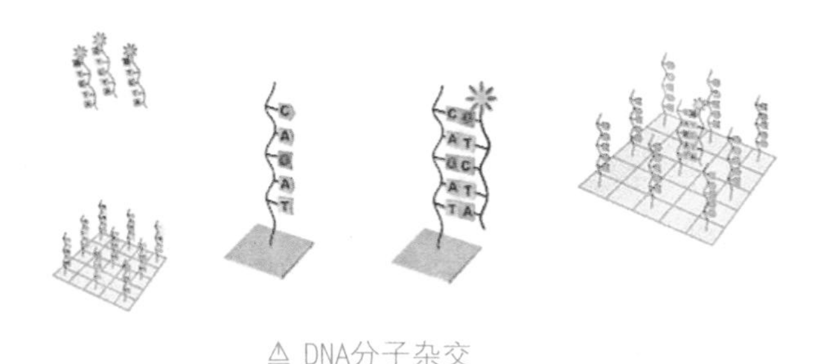

△ DNA分子杂交

此外，因宿主的不同，筛选的方法也会有所不同，除了以上三种方法外，还有蛋白质筛选法（以与重组DNA分子具有特定联系的蛋白质为线索进行细胞筛选）、转译筛选法（以重组DNA分子的转录路径为线索筛选含重组子的方法）、酶法（以特定的限制性内切酶进行酶切然后进行筛选）等方法。

以上就是基因工程在实施过程中，各个步骤所采用的基本方法。这些方法构成了基因工程技术理论的主要内涵。

在基因技术出现以前，从病变细胞中分离病变基因是不可能的，而基因技术则完全可以从基因水平找到病变的原因。基因技术的发展为生物学、医药学、遗传学、农业科学、环境科学等学科以及一些工业研究拓展了空间，带来了革命性的研究手段，并与细胞工程、酶工程、蛋白质工程和微生物工程共同组成了现代科学中极为重要的生物工程。

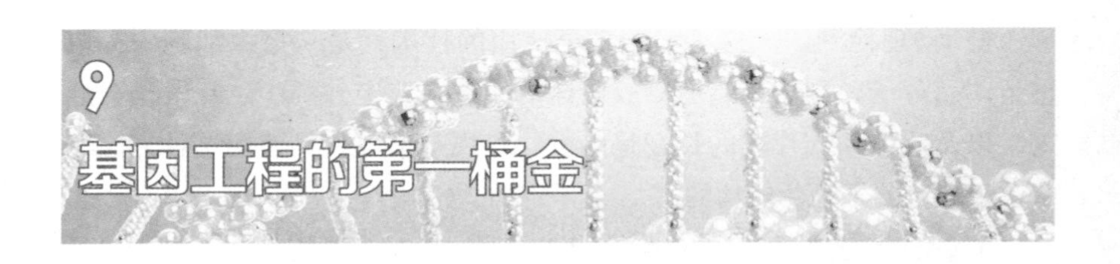

9 基因工程的第一桶金

基因工程完全改变了以往生物学中经典的研究方法，找到了测定基因在染体上的位置、克隆相关基因、分析基因的结构与功能乃至人工合成与改造基因的根本技术手段与途径。

自然界创造一个新的生物物种往往需要几十万甚至上百万年，而运用基因工程技术在实验室中用几天的时间即可完成。由此，基因科学也成了可以与“上帝”媲美的科学，其带动生物科学从简单的认识生物与利用生物上升为改造生物与创造生物的时代。

事实上，从科恩与伯耶开创了基因重组技术之时，伯耶就敏锐地发现了这个技术蕴含的产业价值，因为这项技术可用廉价的细菌进行蛋白质药物的生产。1976年，在一位具有冒险精神的投资者罗伯特·斯旺逊的资本支持下，伯耶与斯旺逊共同组建了基因泰克（Genentech）公司，伯耶担任副总裁。在伯耶的领导下公司取得了迅猛的发展。1977年，公司成功实现了在大肠杆菌中表达人类蛋白质——生长激素抑制素，这在人类历史上具有里程碑的意义，因为它首次实现了在其他物种中表达人类蛋白质。

△ 美国Genentech公司

1978年和1979年，Genentech公司又分别成功生产出人胰岛素和生长素。1980年，通过不同基因的重新组合，Genentech公司得到几种生产干扰素的细菌。而在这之前，人们是用白细胞来生产干扰素的，每个细胞最多只能产生100～1000个干扰素分子。但用基因工程技术改造的大肠杆菌发酵生产，可在1～2天内使每个菌体能产生20万个干扰素分子。Genentech公司一系列的成就让人们意识到基因工程的巨大潜力，但也引起了部分科学家和大众的恐慌，但美国高等法院还是在1980年批准了基因工程技术的专利，在一定程度上推动了基因工程的发展。

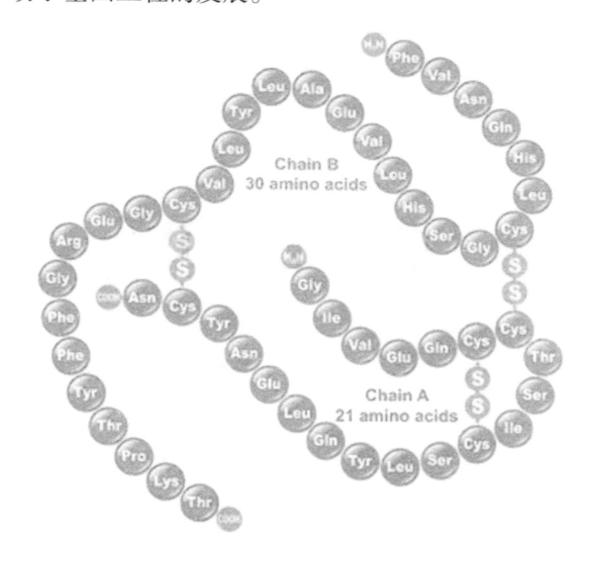

△ 人胰岛素结构图

在拿到基因工程技术专利的同年，Genentech公司成功上市，并创造了一个股市神话：股票上市开盘不到1个小时，股价就从每股35美元狂升至88美元。有股评家评论这是人类历史上最快的股票升值案例。此后的1985年，Genentech公司将第一个基因工程产品——人胰岛素推向了市场，开始真正服务于社会，从而更加显示出基因工程的巨大意义。

10 基因产业在逆风中起飞

在Genentech公司迅猛发展的过程中，伯耶发挥了关键性的作用，正是在他的领导下，基因产业才能够走向商业领域并得到巨大的发展。

在伯耶领导公司走上基因产业之路之后，随着公司的蓬勃发展，伯耶很快就成为声闻远近的百万富翁。但出乎伯耶意料的是，他的商业成就招致了许多非议与责难。这种非议与责难主要来自两个方面，一方面来自学术界，另一方面来自社会与宗教。学术界人士指责伯耶的理由是基因技术不应商业化；社会方面对伯耶的指责是基因工程的应用造成了新的伦理问题；宗教则指责伯耶在与上帝做对。一时间，伯耶成了众矢之的。为了避免矛盾激化，1990年，伯耶选择了辞去公司职务，退出商业领域，重新回到加州大学实验室开始了基因技术方面的研究，并逐渐从公众视线中消失。

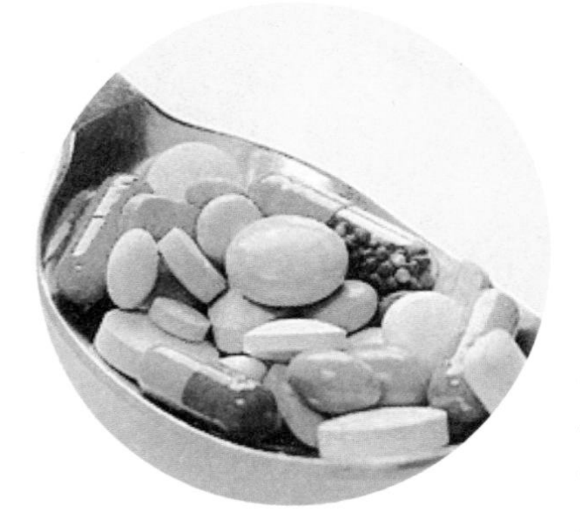

△ 基因工程药物

后来，基于基因产业化发展的需要，伯耶抛开了曾经的责难带来的阴影，参与了早期生物工业的创建与发展。至今，美国几千家生物技术公司生产的成千上万种基因工程药物，完全得益于伯耶与科恩的科学发现与技术发明。在这成千上万种基因工程药物之中，有著名的治疗糖尿病的基因工程胰岛素、治疗病毒感染的干扰素，以及治疗癌症、心脏病等的药物，为解除疾病给人类带来的痛苦做出了巨大贡献。

继伯耶与科恩所取得的成就之后，最先有所突破的要算促红细胞生成素的研发了。促红细胞生成素简称EPO，是一种糖蛋白质激素，能够促进骨髓中红细胞的生成。在人体环境中，它由肝脏和肾脏产生，是贫血及缺氧时的一种应答反应。1983年10月，一家小基因工程公司的林福坤（台湾人）成功克隆了EPO基因，并研发出治疗药物，为成千上万贫血病患者解除了病痛。林福坤的这项成就成为历史上最成功的基因技术产品，而他所在的这家小公司——安进（Amgen）公司也因为EPO在市场上的出色表现，成为年产值超过80多亿美元的生物技术产业巨头，从而声名远扬。

△ 林福坤

20世纪90年代，另一种重要的生物技术药物——单克隆抗体技术走上历史舞台，单克隆抗体分子能够准确找到病变细胞后再将其毁灭。在单克隆抗体领域，最大的受益者是全球第一个生物技术公司——Genentech公司，其生产的治疗晚期乳腺癌的赫赛汀（Herceptin）就是单克隆抗体类药物，在2004年曾给Genentech公司带来超过30亿美元的销售收入。

此后，科学家在1998年应用基因工程技术先后研发出传统治疗方法无法治愈的治疗重度类风湿性关节炎、银屑病关节炎、强直性脊柱炎和克罗恩病的基因工程药物。此外，治疗肿瘤的基因工程药物以及转基因乙肝疫苗等都为人类的健康做出了巨大的贡献。

11 基因产业存在的主要领域

自伯耶与科恩打开了基因工程的大门以后，基础生物学的科学研究发生了根本性的改变，基因工程技术成为主导生命研究的重要手段。基因工程也由此而高速发展，并取得了一个又一个优秀的成果。

目前为止，社会生活中至关重要的食品、粮食、医疗等几大领域几乎都有基因工程的影子。从规模和发展状况来说，基因工程主要在以下几个大的范畴有较为产业化的发展：

1. 植物基因工程。主要研究方向为提高抗逆性如抗病虫害、抗自然灾害等，提高植物品质如让作物高产、让水果更甜或变成不同的颜色等。

△ 转基因棉花

2. 微生物基因工程。主要有利用基因工程改良菌种如酵母菌的改造等，利用细菌生产药物如基因工程疫苗、IFN系列干扰素、基因重组人生长激素、基因工程胰岛素、超氧歧化酶（SOD）等。

3. 动物基因工程。主要用于加快动物生长的速度、改善畜产品的品质，如科学家可以把某种肉猪体内控制肉的生长的基因植入鸡的体内，从而让鸡也获得快速增肥的能力；用于生产药物以及用转基因动物作器官移植的供体等，如科学家们通过基因工程技术培养出可以提供人类器官移植所需的某种器官等。

4. 基因工程技术也可以应用在环境保护与军事方面。比如，在环境保护上应用基因武器有针对地杀死一些破坏生态平衡的动植物，而不会对其他生物造成影响，且能节省成本。在军事方面，某些国家对基因炸弹的研发已是一个公开的秘密。

不过，基因工程产品并不尽如人意。有时候，基因工程产品也有副作用，甚至有巨大的伤害性。如有报道称，生活中吃了转基因猪肉会变得好动，喝了转基因牛奶易患恋乳症等。这是人们抵制转基因产品的一个原因。从另一个方面来说，在科学尚未完全揭示出生命存在的空间限定以及基因进化的种种规律之前，人类对转基因产品持适当的谨慎是完全必要的，而对基因技术的应用与研发，也应持谨慎态度。

因此，总的来说，一方面，基因工程依托生物技术的独特优势必将为人类带来许多有益的贡献；另一方面，基因工程所带来的负向应用也会给人类带来巨大的危害甚至灾难，特别是基因工程技术在军事方面的应用更应该禁止，而这一点也在考量着人类的道德底线与文明程度。

六　人类基因组计划

随着基因工程技术的不断发展，科学家距离解开生命之谜越来越近。从基因的角度看生命，犹如打开了一扇前所未有的窗户，为解开生命现象中的许多谜团带来了希望的曙光。这种希望既是基因科学的魅力所在，也是科学家们的动力源泉和孜孜以求的目标。由此，以基因工程技术为基础，以解开生命之谜为目标的，堪与“曼哈顿工程”“阿波罗工程”相媲美的，人类史又一宏大工程——人类基因组计划闪亮登场。

△ 人类基因组计划徽标

随着基因工程技术的成熟与发展，人们越来越清楚基因在生命中所扮演的角色，从基因的角度来解读生命的奥秘也越来越成为可能。20世纪80年代，科学家们开始酝酿人类基因组计划（Human Genome Project，HGP)。

所谓基因组，就是指某种生物体所含有的全套DNA分子。比如线粒体基因组指的是一个线粒体所包含的全部DNA分子；叶绿体基因组则是一个叶绿体所包含的全部DNA分子等。以人类基因组为例，人类遗传物质DNA分子的总和就是人类基因组，大约由30亿个碱基对组成，分布在细胞核内的23条染色体之中。面对如此庞大的数字，人类基因组计划堪称是一个大胆的设想，尽管基因技术的发展让检测人类基因组成为可能，但这是一个需要巨大投入与组织实施的重大工程，没有巨大的财力和高效的技术基本无法实施这样的工程。那么，人类基因组计划究竟是如何发起的呢？回答这个问题要从20世纪80年代中期的一次基因技术学术研讨会开始。

1984年，受美国能源部的委托，犹他大学的雷蒙·怀特在美国犹他州的阿尔塔组织召开了一个小型学术会议。参加会议的有美国能源部的科学家史密斯以及DNA分析方面的学者共计19人，会议研讨了DNA重组技术的发展以及测定人类整个基因组序列的意义。1985年6月，美国能源部提出了“人类基因组计划”草案。1986年，在美国新墨西哥州又进一步讨论了这个计划的可行性。当史密斯作为美国能源部人类基因组计划的负责人，在冷泉港会议上宣布这项计划时，会场上一片哗然。尽管有3位诺贝尔奖得主沃尔特·吉尔伯特、伯格、沃森在内的资深生物学家坚决支持这项计划，但仍遭到许多生物学家特别是年轻生物学家的反对。不过，会议的结果仍满足了召开会议的初衷，支持者仍占多数。

△ 美国能源部

1987年，美国能源部和国立卫生研究院联合为“人类基因组计划”下拨了数百万美元的启动经费。1989年，美国正式成立了“国家人类基因组研究中心”，沃森担任了第一任主任。此后，经过美国能源部、美国科学院、美国国会和美国国立卫生研究院分别组成的专家小组反复调查、论证，1990年10月，经美国国会批准，人类基因组计划正式启动。至此，经过5年多时间的酝酿、讨论与组织，人类基因组计划才正式宣告实施。

2 人类基因组计划的实施

事实上，人类基因组计划的实施也经历了一个国际合作的过程。在美国提出并确定实施这个计划前后，整个世界的反应是积极而热烈的。人类基因组计划犹如一场紧张、激烈的科技竞争，世界各国都不想在这一领域落后于其他国家。因为如果在这一领域失去先机，不仅会在科技上处于被动，甚至会在基因经济方面付出沉重代价。

△ 人类基因组计划在美国宣告正式启动

为了协调全球人类基因组研究，在科学家的倡议下，国际人类基因组组织于1988年4月宣告成立。同年10月，联合国教科文组织也应人类基因研究的需要成立了人类基因委员会。在美国宣布实施人类基因组计划的1990年，在莫斯科还召开了以发展中国家为主的人类基因组会议。此后的1992年和1995年，联合国教科文组织先后两次组织召开了南北人类基因组大会，标志着以美国为先导，全球化人类基因组研究热潮的到来。

按人类基因组计划的实施纲要，以及该计划的规模与全球人类基因研究的形势，特别是世界各国对该计划的积极反应，人类基因组计划已不是美国独有的计划。在一系列因素的推动下，该计划将通过国际合作的方式，总体计划在15年内至少投入30亿美元，致力于构建详细的人类基因组遗传图和物理图，确定人类DNA的全部核苷酸序列，并对其他生物进行类似的研究。其终极目标是阐明人类基因组全部DNA序列；识别基因；建立储存这些信息的数据库；开发数据分析工具；研究人类基因组计划所带来的伦理、法律和社会问题。

人类基因组计划实施以后，美国、英国、法国、德国、日本和中国等共30多个国家的科学家共同参与了这一伟大计划，其中作为唯一一个发展中国家——中国承担了国际人类基因组计划1%的基因组测序项目。在计划实施期间，曾分为两组人马，一组是以著名生物学家弗朗西斯·科林斯领导的美国国家人类基因组研究中心，组员有美国、英国、法国、德国、日本、中国共6个国家，是名副其实的国家队，经费由各国分摊。另一组是总部设在美国马里兰州，由从美国国家卫生研究所独立出来的杰出分子生物学家、企业家、计算机专家克雷格·温特为代表的科研组，经费来自公司投入，是名副其实的公司队。不过，值得指出的是，在人类基因组计划实施过程中，克雷格·温特是一位值得大书特书的人物，对该计划的实施做出过决定性的贡献。

3 克雷格·温特的贡献

△ 克雷格·温特

克雷格·温特于1946年10月出生于美国盐湖城。在越战爆发后，曾受征召加入美国海军服役。他的学术生涯是从一所名不见经传的社区大学开始的。之后他在加州大学圣地亚哥分校得到了三个学位，分别是1972年的生物化学学士与1975年的生理学及药理学哲学博士。接着他又进入纽约州立大学水牛城分校担任教授。1984年，温特进入了美国国家卫生研究所，这是他人生的一个重要转折点。

在1992年之时，出于对基因研究的需要，他组建了塞莱拉基因组公司（Celera Genomics）。在人类基因组计划实施之时，温特正式以塞莱拉基因组公司的名义组织了第二组人马，并在执行人类基因组计划期间发展了具有决定性意义的基因技术。

这项基因技术来自于他在美国国家卫生研究所期间的工作。在此期间，温特学到了快速辨识细胞中mRNA的技术，并将其应用在人类大脑基因的辨认中。他组建与领导的塞雷拉基因组公司的安东尼·克拉韦格也是以这种方式发现了互补cDNA序列片段，并命名为表现序列标签。在他的带领下，塞莱拉基因组公司与人类基因组计划互相竞争、且规划了具有商业目的研究计划，目的是要建立一个需付费才能使用的基因组数据库。这场计划开始于1999年，特色之一是使用了“霰弹定序法”。温特还在研究中发明了人类基因组计划中具有决定意义的高速测序机。

△ 温特与柯林斯

2000年6月26日在白宫举办的“人类基因组工作草图”新闻发布会上，温特与人类基因组计划的代表佛兰西斯·柯林斯共同出席并做了发言。在发言中，柯林斯宣称，六国联队完成的工作草图破译了人体基因中97%的遗传密码，并对其中85%的碱基对完成了精确测序，至2003年将完成全部基因图谱，准确率将达99.99%。而温特领导的塞莱拉公司也不示弱，尽管没有向大会提交详细的资料，却声称已经破译了99%的基因密码，在多项研究指标方面超过了人类基因组计划的技术要求，完成基因密码全图的时间表也在2003年之前。由此温特与塞莱拉公司名声大噪，温特自身也身价倍增。2000年7月，温特与人类基因组计划代表柯林斯同时被《时代周刊》选为封面人物，并将他选入世界上最有影响力的人物之一。

4 人类基因组计划的内容

人类基因组计划前6年的工作进展较为缓慢，至1997年，科学家们借助于生物信息学和超级计算机，测序速度不断加快，特别是1998年温特发明了高速测序机，足足使工作进度提高了3倍，使人类基因组计划得以提前完成。

△ HGP

2003年4月15日，北京时间14日午夜，人类基因组计划负责人柯林斯在华盛顿隆重宣布，经过美、英、法、德、日和中国科学家13年的努力，人类基因组序列图已绘制成功。至此，人类基因组计划的所有目标已全部实现，人类在揭示生命奥秘、认识自我的漫漫长路上又迈出了重要的一步，牵系全球几十亿人目光的人类基因组计划至此落下帷幕。

人类基因组的全部DNA序列是生命的奥秘所在，也是生命的本质特征，而对人类基因组的测定同样适用于大自然中的其他生命体。所以，人类基因组计划并非仅是对人类基因的测序，也是对自然界生命本质的深入研究与探索，对我们每个人都具有深刻的影响。这不但可以改变人

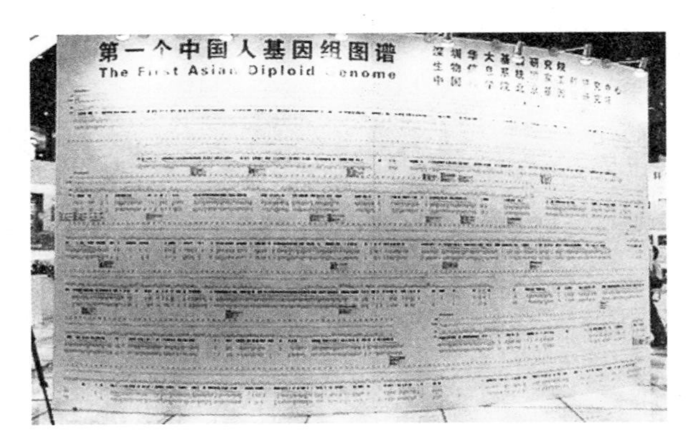

△ 第一个中国人基因组图谱

类几千年来累积下来的哲学观念、道德伦理，还可以改变经济社会的运行模式以及人类的现行法律和文明规范等一系列内容。这些影响也必然会在基因科学的发展中长期存在。

人类基因组计划的核心是对人类基因组进行测序，并绘制出人类基因组图谱。所以，人类基因组计划全面完成的一个主要标志就是是否完成了人类基因组图谱的绘制。

那么，人类基因组计划试图绘制的究竟是什么样的图谱呢？据科学家们测定，人类共有约3万个遗传基因，世界上任何两个人的基因都不可能完全一样。弄清人类所有基因并找到其准确位置，就可以破译人类全部的遗传信息，并为征服人类的多种疑难疾病铺平道路。但是，要达到这个目的并不容易，科学家必须把组成人类基因组的30亿个碱基对在DNA上的排序一一测定出来，绘成一个庞大的图谱，这就是所谓的人类基因组图谱。

事实上，人们熟知的人类基因组计划在业内也称人类基因图谱工程，堪称“人体的第二张解剖图”。如果说人体解剖图告诉了我们人体的构成，主要器官的位置、结构和功能，并为现代医学奠定了基础的话，那么人类基因组图谱则将成为疾病的预防、诊断和治疗的重要参考。而制作这张“解剖图”共需绘制四种图谱分别是：遗传图谱（也称连锁图）、物理图谱、序列图谱、转录图谱。

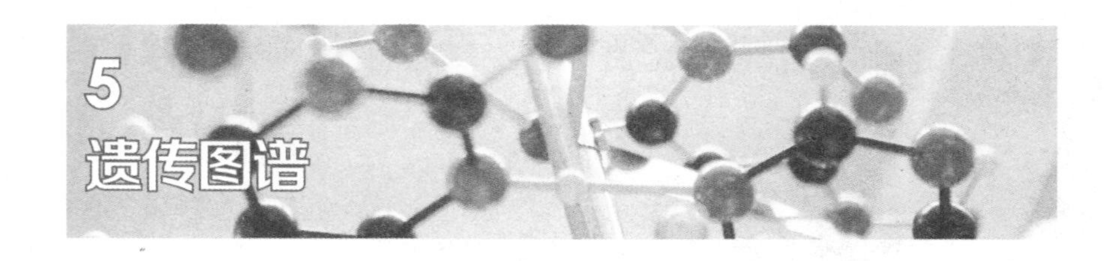

5 遗传图谱

人类基因组计划诞生的第一张图谱是遗传图谱，业内也称连锁图谱。那么什么是遗传图谱呢？顾名思义，遗传图谱就是从遗传的角度绘制的图谱，也是表征遗传特征的图谱，具体指的是基因或DNA在染色体上的相对位置与遗传距离。DNA在染色体上的相对位置与遗传距离通常以基因或DNA片段在染色体交换过程中的分离频率厘摩（cM）来表示，cM值越大，两者之间距离越远。cM值的大小一般可由遗传重组测检结果推算。1厘摩的定义为两个位点间平均100次减数分裂发生1次遗传重组。换句话说，若两个基因间相距1个厘摩，那么其后代与亲代相比，有1%的个体具有不同的等位基因频率。实际上，两个基因间的距离不超过50厘摩。若两个基因间的距离为50厘摩即意味着两者完全不连锁，很可能位于不同染色体上。平均来说，在人类中1厘摩相当于100万个碱基对。

绘制人类基因遗传图谱的关键是要有多个等位基因的遗传标记，也

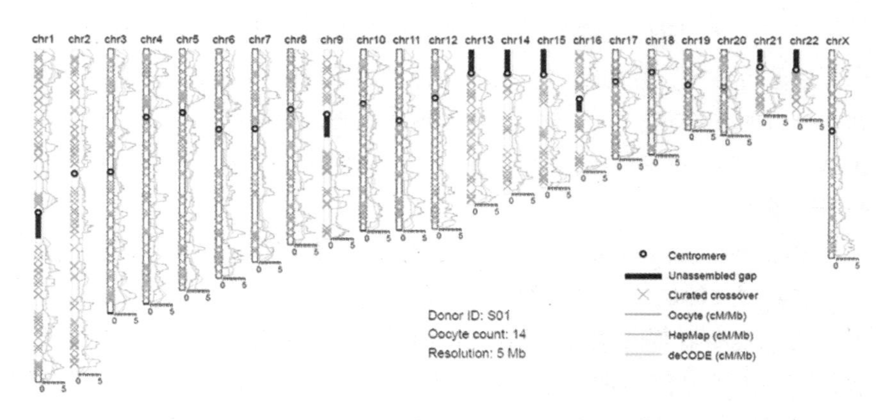

△ 世界首例女性个人遗传图谱

就是说，科学家首先要找出DNA上具有遗传效应的位置，并做出标记。在人类基因组计划完成之时，科学家们一共找到了6000多个具有遗传效应的位置，并以此为“路标”将基因组划分成6000多个区域。这6000多个遗传标记的平均分辨率即两个遗传标记间的平均距离为0.7cM，这个距离大致对应0.7cM的物理距离。

在做遗传标记过程中，科学家们首先采用的是RFLP分析，即限制性片段长度多态性分析。这些限制性片段可以被特定的限制性内切酶识别并切割，这种标记方法的精确性在于DNA序列的改变，甚至一个碱基的变化都会改变限制性内切酶酶切片段的长度变化，并可以通过凝胶电泳的方法来显示这种变化，即显示这种长度的“多态性”。这种方法也被称为第一代DNA标记。

此后，科学家们在检测RFLP的过程中发现，有一种类型是由于DNA重复序列造成的，这种重复序列在人类基因组中有许多拷贝，它们可以头对头，或头对尾地串联成一簇，分布于基因组的各个位点。标记这种简短串联重复片段的技术称为STR即第二代遗传标记，是人类基因组计划中采用的主要方法。

1996年，法国的Genethon实验室和美国国立卫生研究院合作，完成了遗传图谱的绘制。该图包含了5264个短串联重复序列类的遗传标记，超额完成了人类基因组计划中关于遗传图的绘制目标。

根据遗传图谱，科学家只要以连锁分析的方法，找到某一种表现型的基因与其中的一种遗传标记邻近（即紧密边锁）的证据，就可以把这一基因定位于这一标记所界定的区域内。举个例子来说，在实际研究中，如果想确定与某种已知疾病有关的基因，即可以根据决定疾病性状的位点与选定的遗传标记的距离来确定疾病相关的基因在基因组中的位置，这在实际疾病研究中大有用处。

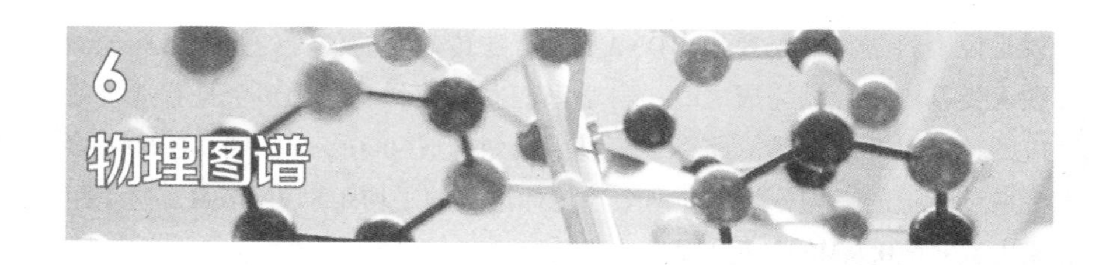

6 物理图谱

第二种图谱是物理图谱。物理图谱是较为直观表示基因组中全部基因的排列与彼此间距离的信息图，是经过对构成基因组的DNA分子进行测定而绘制的，也是以一个选定的“物理标记”为路标，以mb、kb、bp（mb=1000kb、kb=1000bp、bp=1个碱基对）等作为图距的基因组图。也就是说，物理图谱在描绘DNA上可识别标记的位置和相互之间的距离时是以碱基对的数目为衡量单位的，这些可识别的标记包括限制性内切酶的酶切位点、基因等。绘制物理图谱的目的是把有关基因的遗传信息及其在每条染色体上的相对位置线性而系统地排列出来，以便于展示与研究。

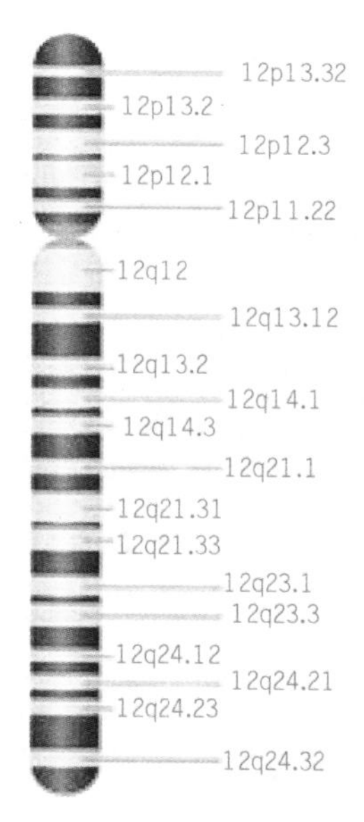

△ 人类X染色体物理图谱

如果把基因组中的基因看成宏观世界中的客观存在，物理图谱就相当于这宏观世界的一张地图。有了这张图，哪里是村庄，哪里是城市，哪里是荒漠，哪里是山川湖泊就可以一目了然地呈现在基因工作者眼中。客观地看，物理图谱堪称在分子水平上为人类基因组绘制出一份精准的地图。

构建物理图谱是人类基因组计划的重要组成部分。由于到目前为止未能发明直接对基因组DNA整体水平进行分析检测的技术，所以只有将基因组DNA切割成小片段后再进行分析研究。对于人类基因组来说，最粗的物理图谱是染色体的带区，最精细的图谱是DNA的碱基序列。

1995年，第一张物理图谱问世，涵盖了94%的基因组和1500多个标记点位，每个标记点位平均间距为200kb。也就是说，第一张物理图谱把人类庞大的基因组以200kb为基准划分为1500个小区域。物理图谱的问世是人类基因组计划的一个重要里程碑，被誉为20世纪的“生命（生物学）周期表”，堪与元素周期表相提并论。

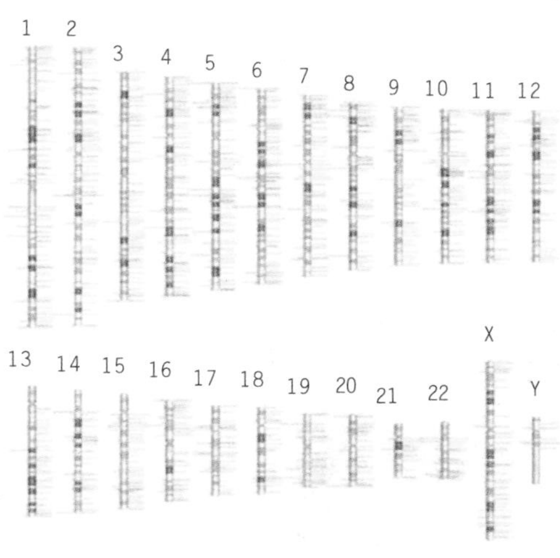

△ 第一份完整的人类基因组物理图谱

与遗传图谱相比，物理图谱的分辨率更高，图谱标记更多。因此，在多数生物中，物理图谱比遗传图谱更重要。有了物理图谱，研究人员就可以将一种特定的遗传病的遗传模式与标记顺序的遗传模式进行比较，并迅速确定引起该遗传病的基因位置。然后，通过计算机把数据固定在物理图框架内，并将遗传图与物理图结合在一起，迅速确定致病基因。所以，物理图谱也是在实际应用上具有实际意义的一张图谱。事实上，物理图谱也是测序的基础，是测序工作的第一步。尽管在人类基因组计划中，物理图谱早于遗传图谱诞生，但人们习惯上仍然将遗传图谱排在第一位。

7 序列图谱与转录图谱

第三张图谱是序列图谱。所谓序列图谱，就是绘制人类基因组核苷酸组成序列，这是人类基因组计划的一个初衷。我们知道，人体细胞中有23对即46条染色体，30亿个碱基对。这30亿个碱基对的排列顺序决定了生命的诸多特征，测定其排列顺序，就相当于揭开了生命的密码。

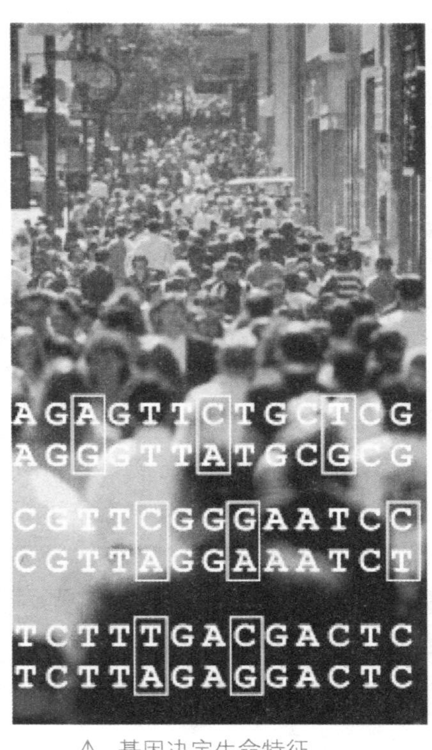

△ 基因决定生命特征

事实上，序列图谱才是这四张图谱的核心，因为遗传图谱与物理图谱大致上只是序列图谱绘制的前奏与基础。物理图谱在宏观上绘制了基因组中全部基因的物理存在关系，遗传图谱绘制了具有遗传效应的基因片段的分布状况，而序列图谱解决的则是所有核苷酸即碱基对的排列顺序。所以，序列图谱更像是遗传图谱与物理图谱的综合图。

在功用上，序列图谱可以告诉你哪一段基因在什么位置，与比邻的基因有一种什么样的关系（位置上的关系）。这在病变基因检测之时大有用场，只要与正常基因序列一加对照，很快就可以找到病变基因的位置，这对基因治疗具有重要价值。

第四种图谱是转录图谱。转录图谱也称基因图谱，测定的是与功能

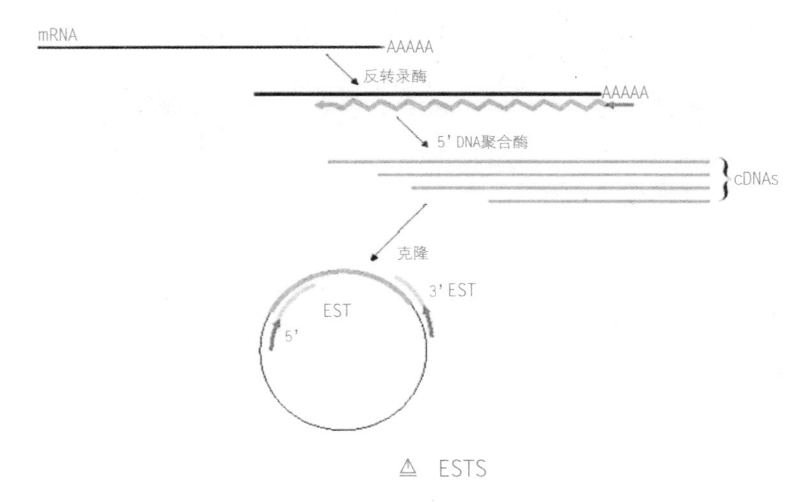

△ ESTS

蛋白密切相关的可表达的DNA片段。

我们知道，功能蛋白是由信使RNA（mRNA）编码的，而mRNA又是由编码蛋白的核内功能基因（EST）转录而来的，所以转录图谱就是测定可表达蛋白质的功能基因片段（EST）的标记图。

事实上，在整个人类的基因组中，可以称为基因的DNA序列只占很少的比例，大约只占1.5%左右。在序列图完成后，人们只是知道了人类基因组的全部序列，但还不知道这些序列代表的意义。所以，转录图是人类基因组计划的延续。

总的来说，人类基因组计划是一个伟大的工程，人们终于对组成我们自身基因组的DNA序列有了清楚的认识。应指出的是，尽管弄清了构成人类自身基因组的核苷酸组成序列，但尚不完全清楚这些序列所具有的功能，因此我们对人类自身基因组的研究还远远没有结束。

此外，人类基因组计划不仅仅表现在对人类基因组研究所取得的成就上，还表现在对相关技术与学术的推动与创新方面。不过由此带来的一系列问题也需要人们慎重思考与对待，这也将是一个长期而艰巨的、对人类文明与智慧的考量。

8 人类基因组计划催生的两大学科

人类基因组计划的实施，促进了一系列技术与学科的飞速发展。它的主要目的与成果就是分析与测定了大量的基因序列数据。这些数据如果采用大型城市电话簿的版式编辑成册，以每册1000页来计算，大约需要出版200册才能完全容纳下这些数据。而且这200册书只有四个字母即A、T、G、C，这四个字母除了在不同的染色体之间分段外，其余是没有任何标点间隔的字符串。有科学家作了一个粗略的估算，如果一个人一天24小时不停地读这本书，大约需要26年才能读完这本只有四个字母的人体天书。

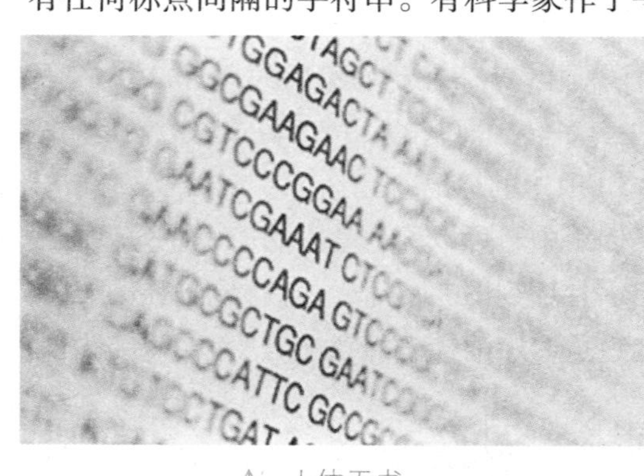

△ 人体天书

此外，据测定，任何两人个的基因组序列的差别只占总序列的0.1%，如此微小的差别想以肉眼观察的方式找出来简直是天方夜谭。并且，如此庞大的数据量，如果只是以阅读的方式从中悟出点规律简直是不可能的。

如果想把每个人独有的序列都测定与存储起来，以全球70亿人口来计算，以人体基因总量1.5%的有用基因为基准，得到的庞大的序列数据超过1.5 × 1018。此外，除了基本的序列数据外，基因的作图数据、功能分析数据等的规模都是十分庞大的，这为科学家们分析与分辨基因的差异带来了巨大的困难。

事实上，如此巨大的数据量是根本不可能用人力和传统手段来进行存储和分析的。那么，如何处理这些数据呢？为了解决这个难题，在人类基因组计划完成之后，科学家们想到了计算机。按当时的情况来看，尽管当时的计算机的信息处理技术已经有了很大的发展，为存储与分析人类基因组序列数据提供了基础，但要处理如此庞大的信息，或者建立一个公开的、可供全球人类享用的信息库还存在不小的难度。

△ 生物信息学

不过，这些困难都没有难倒科学家们。应人类基因组信息存储与处理的需要，计算机信息处理软件的研发在短时期内得到了长足的发展，适应人类基因存储需要的数据库管理软件，以及以全球互联网为基础面对全球用户的信息共享标准化程序软件先后诞生，标志着一个新兴的边缘学科——生物信息学由此诞生。

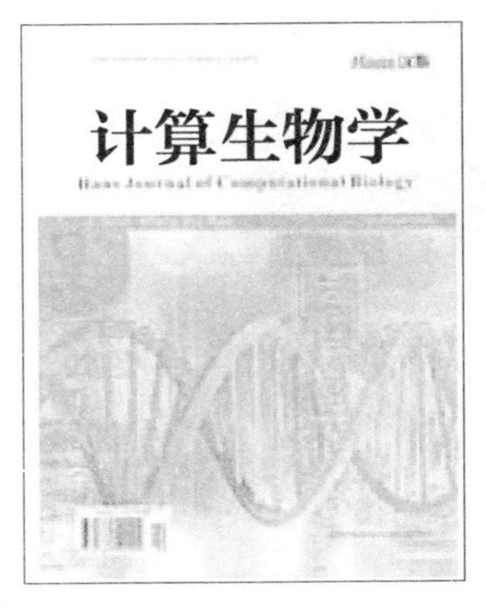

△ 计算生物学

此后，为了弄清这些序列所具有的功能以及基因存在的价值，科学家们再一次把研究的方法投向了计算机。事实上，当面对人类基因组庞大的数据之时，科学家们首先试图弄清的就是如何通过分析这些数据并找到一些序列，特别是这些序列对人类生长发育的功能与作用。若依靠人工观察与传统的方法是根本不可能完成这个任务的，只有借助于计算机才有可能实现这个目标。于是，在人类基因组计划的带动下，又一门新兴边缘学科——计算生物学诞生了！

9 未来基因研究的两大任务

在科学家们的设想中，借助计算机来完成分析这些序列数据的任务主要有两个方面，一方面是属于生物信息学的主要发展目标，方向为利用所掌握的基因的特性与功能，从基因的序列预测其功能。从人们熟知的基因的功能方面来看，基因的碱基序列决定着蛋白质中的氨基酸的序列，而蛋白质中的氨基酸的序列则决定着蛋白质的空间结构，蛋白质的这种空间结构则决定着其执行何种功能。

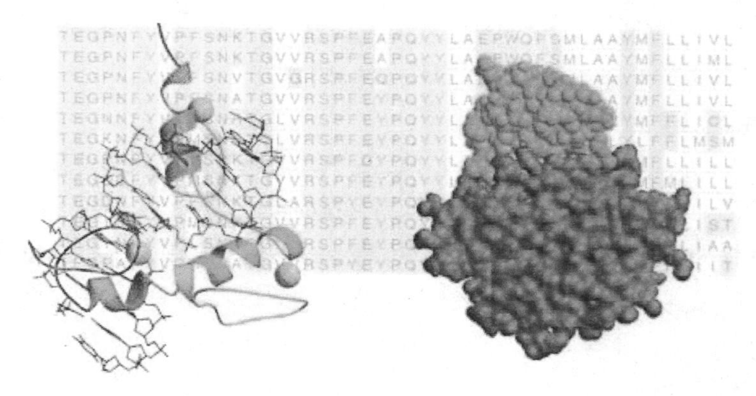

△ 蛋白质的空间结构

科学家们认为，在序列、结构与功能之间，一定存在着某种相互制约的规律，这种规律应该可以用数学方式来表达，用计算机来分析这些关系是唯一可行的方法。这种分析一旦成功，就可以通过基因序列来预测基因产物的结构与功能，反过来也可以按照功能的需要来改变基因的序列。

目前，生物信息学的主要研究方向集中在两个方面，一个是基因组学，一个是蛋白质组学，这两个方向主要研究特点是分别从核酸和蛋白质序列出发，分析它们的结构与功能等信息，并且发展出了具有巨大潜力的生物芯片技术。

另一方面属于计算生物学的发展目标，主要是试图完成人类基因组中约3万个编码基因的表达调控规律，这些规律需要大量的实验工作以及新的数学分析工具。因而，计算生物学取得成功的标志就是发展出一套完全适合这方面分析的计算机分析方法。这需要的是全新的数学计算，甚至新的数学规律的发现。如果这套方法取得成功，那么科学家们就完全可能坐在实验室中模拟出生物从受精到成长为个体的整个过程，并预测出生物个体的肌体结构与生活习性等一系列遗传性状的具体表现。

此外，人类基因组计划还发展出了全球共享的遗传信息数据库。从数据库的功能上来分，共有三种。第一种功能是“作图数据库”。这种数据库收集了与基因组作图相关的全部信息，包括各种遗传标记在染色体上的位置，以及这些标记的排序与间隔距离等内容。第二种功能是“核酸序列数据库”，收集的信息主要包括所有的已经测定的DNA和RNA的序列数据。第三种功能是“蛋白质序列数据库”，主要收集了蛋白质序列和蛋白质结构分析数据。基于这三种功能，这个全球共享的信息数据库具有数据的不断修正、补充与更新的特点。

科学家们的这些设想对于普通人来说近于神话，但这的确是一个有希望取得成功的设想。而这个设想也是本世纪生物学面临的最大挑战与难题。而这些设想一旦实现，必将改变人类的未来。

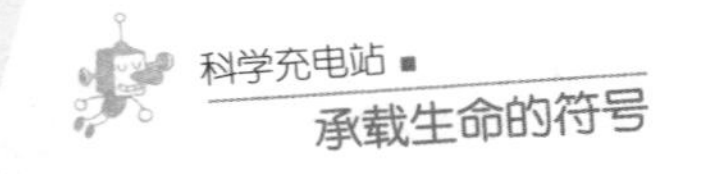

10 基因技术带来的社会伦理问题

客观地看，人类基因组计划取得的成果为人类的健康与揭示生命的本质带来了新的希望。但是，从另一个方面来说，它也给世界带来了争论不息的社会伦理问题。具体来说，这些争议主要存在以下几个方面：

1. 对隐私权的挑战。生命是自然繁衍的，有些个体之中存在一些先天性的遗传性疾病，这些疾病有的可以通过基因检测在病发之前诊断的，这类疾病共有5000多种，比如癌症、心血管疾病、关节炎、糖尿病、高血压、精神病等，都可以在早期得到诊断并治疗。而这些基因诊断都属于个人隐私，如果一个人的“基因说明书”被用人单位或保险公司获得，就会出现意想不到的问题。比如，在我国曾出现过公务员招考中地中海贫血（遗传性贫血）患者被拒的案例。而一些遗传性疾病信息被保险公司获得，比如保险公司如果获知某人在保险期内发病，就会拒绝保险，有失社会公平。因此，人类基因组计划引发的基因隐私权问题也构成了对社会伦理的挑战。

⊳ 基因歧视

2. 基因优生挑战自然生命伦理。随着基因技术的发展，基因科学家声称人类的一切行为甚至聪明不聪明都是由基因决定的。由此引发了基因技术在优生领域的应用，极大地干扰了生命自然繁衍的秩序。许多年轻的父母为了生一个健壮、聪明、漂亮的宝宝而煞费苦心地求助于基因技术，而事实上，基因优生并不那么美好，甚至有些适得其反。因为父母的选择并不一定能符合孩子自身的愿望。而聪明与不聪明则更是后天教育的问题，先天的因素并非一定起决定作用。美国科幻影片《变种异煞》描述的就是这个现象。这部影片构造了一个基因时代的背景——这个时代基因检测已成为优生的主要手段。一对夫妇自然生产了一个叫文森特的孩子，这个孩子一出生就几乎被基因诊断判了死刑：60%患精神疾病的可能性，42%的狂欲症可能性，99%的心脏失调可能性……医生从基因检测做出的最后结论是：有可能早年夭折，寿命只有30.2年。为了避免这个孩子的情况重演，这对年轻的父母亲决定再次怀孕之时采用基因技术。于是就有了一个在受孕之前就进行过基因改造的新生儿安东。不过，基因技术并不像吹嘘的那样神奇，安东在许多方面甚至还不如文森特优秀，而文森特也没有像基因诊断预测的那样百病丛生，却通过自身的种种努力成为一名优秀的宇航员。

△《变种异煞》剧照

影片对基因决定论以及基因歧视以有力的抨击与入木三分的嘲讽，同时也对生命之中自然存在的“力量”给予了极大的称颂与褒扬，具有积极的现实意义。这个意义就是：优秀基因能够拯救的也许只是人的肌体，而隐含在生命中的“力量”拯救的则是一个人的灵魂。拥有一个健康的灵魂远比拥有一个健康的肌体重要得多！

11 基因技术对人类的“威胁”

任何事物都具有两面性，基因技术也不例外。它在造福人类的同时，也可能对人类产生巨大的威胁。主要表现在以下几方面：

1. 基因武器危及人类。基因技术在军事方面的应用已不是一个秘密，世界经济发达的国家几乎都在基因武器方面有所研究。据俄罗斯军事研究人员确认，世界上约有10～15个国家已经制定或正在制定基因与生物战计划。这种计划的核心就是通过基因重组而制造出新型生物武器，也叫遗传工程武器或DNA武器，有人干脆称之为基因炸弹。下个简单的定义就是：运用基因工程技术，按设计者的需要，通过基因重组，把一些特殊的致病基因移植到微生物体内，而制造出新一代生物战剂。

△ 基因武器——未来战争的顶级杀手

表面上看，基因炸弹比传统武器要温柔得多，但它却十分可怕。基因炸弹的温柔之处在于它是在不知不觉中发生作用的，令人难以觉察；而其可怕之处在于可以有选择地杀死某一基因类型的人，比如红头发、黑眼睛或者具有其他特征的一类目标，而其他基因类型的人却可以安然无恙。据专家测算，20克的超级基因武器就足以令全球60亿人惨遭灭顶之灾。对全人类的生存与发展来说，“基因炸弹”具有的种族灭绝威力将是一场不流血的灾难。

2. 转基因打破物种界限，危及生态平衡。蔬菜含有动物基因、苹果可以抗感冒、梨子可以防肝炎、转基因木瓜又大又爽口……基因技术离我们的生活如此之近。可是，在选择这些食品之前，最好先了解一下它的安全性。已形成商业化规模的转基因食品现饱受争议，因为人们对它的安全性尚没有一个充分的评估。而从自然界培育物种的时间跨度上来说，一个物种的诞生与繁衍至少要经过几百甚至几千万年，而靠基因技术培育一个新物种则只需很短的时间，其危害性尚难以断定。

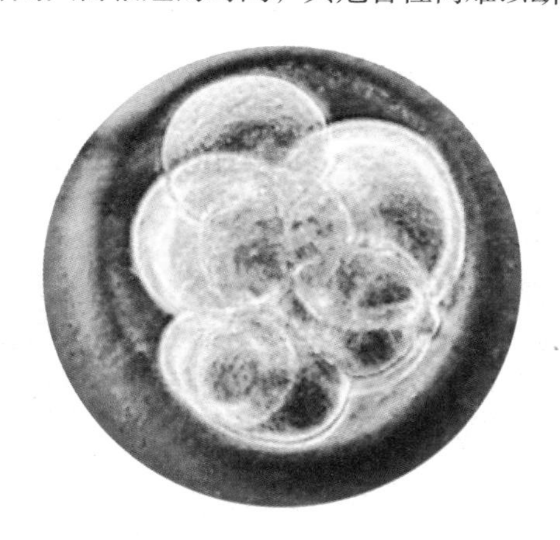

△ 显微镜下的人兽混合胚胎

2005年，英国科学家斯蒂芬·明格提出了用母牛的卵子制造“人牛混合胚胎”的设想，曾一度在科学界引发了巨大的争议。而在此之前，美国密歇根州立大学的乔斯·奇贝利曾将自己的DNA植入到母牛的卵子中，他的大胆尝试在美国科学界引发了一场道德大辩论，当时的美国总统克林顿也站在反对者一边指责其行为缺乏职业道德。不过，这种肆无忌惮地打破物种界限的实验不可能完全终止，头脑中只有DNA的科学家也许并不能抵制这种诱惑而做出令人瞠目的疯狂举动。

所以，在没有弄清楚生物产生与进化的时间因素之前，任何非法生物都有可能打破生态系统的平衡，危及生态安全，进而对人类造成威胁甚至伤害。在这一点上，基因研究不可不慎。

12 基因产业“硝烟弥漫”

2000年6月26日，人类基因组遗传密码的第一份完整草图由中、美、日、德、法、英六国科学家正式宣告绘制完成，从而打开人类基因的天书。作为20世纪人类最伟大的研究成果——人类基因组计划，影响了全世界，并且正在改变世界。随着人类基因组计划的完成，人类也逐渐进入后基因组时代，基因产业快速形成，不少投资者已经嗅出其中的商机——谁在这一领域抢占先机，谁就可以获得巨大的利益。

在人类基因组计划中，一条有重要功能的基因，其价值往往以数百万甚至上千万美元来计算，如“肥胖症基因”的专利转让费高达1.4亿美元。巨大的经济价值也让唯利是图的投资经营者们煞费苦心地与人类基因组计划团队争夺基因专利，这也是人类基因组计划一再提前的一个重要原因。

在人类基因组计划实施过程中，美国《时代周刊》曾在当时用了一半的篇幅介绍人类基因组计划的意义与前景，并刊出一幅画着两只张着血盆大口的狼正在啃噬着一条双螺旋形的DNA链条的图案，暗示了基因产业竞争的残酷。有专家指出：“人类只有一个基因组，不存在白种人基因组、黑种人基因组与黄种人基因组之别。人类基因组的数量是有限的，发现一个少一个。基因被申请了专利，就等于谁发现了某个基因，这个基因就归谁。这就是抢，相当于当年哥伦布登陆抢滩一样！”这场由人类基因组计划引发的，在全世界范围内形成的基因产业竞争宛若一场没有硝烟的战争，而且这场战争还远没有结束，结果如何尚未可知。

就我国而言，基因资源当属世界首富，主要是因为我国人口最多，民族最多，病种最多，疾病谱最为广泛、复杂等，这为打赢这场基因之战奠定了基础。而如何打赢这场基因战争则取决于我们如何保护、利用与开发我们所拥有的丰富的基因资源；如何防范与避免基因资源被发达国家所掠夺；如何在21世纪生物学的竞争中接受挑战，奋勇争先；如何发展基因工程产业，并使之成为国民经济的支柱产业等。

△ 北京华大基因研究中心

总之，一方面人类基因组计划对基因科学的发展带来的是积极的正向力量，具有强大的促进作用。另一方面如何规范基因产业的发展以及规范基因技术的使用范畴是一个重要的值得深入探讨的问题。此外，作为新兴技术与产业，基因技术与基因产业在科研与商业化应用方面还存在许多法律空白，如何在法律框架下完善基因工程的发展规范也是有待解决的重要问题。

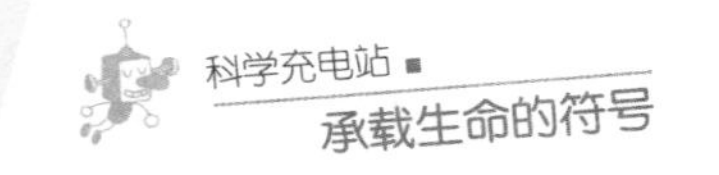

七　克隆技术与应用

克隆是生活中常见的现象，比如植物的扦插、嫁接就是一种克隆。从诞生过程上来说，克隆技术与基因技术最初的研究方法与技术原理是不同的，不过基因技术的诞生为克隆技术的发展与进步起了巨大的推动作用，为分子克隆实验打开了一扇前所未有的大门。

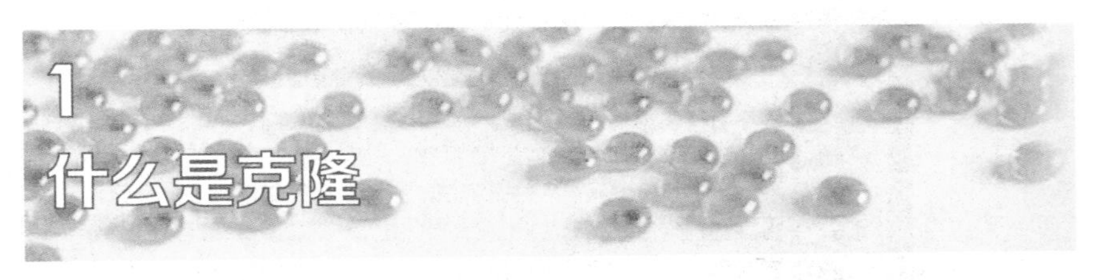

1 什么是克隆

△ 嫁接花卉

从文字上来说，克隆是英文“clone”或“cloning”的音译，而英文“clone”则起源于希腊文的“Klone”。在希腊文中，“Klone”指的是幼苗或扦插、嫁接的枝条，引申为用无性繁殖或营养繁殖的方法来培育植物。现代生物学中将克隆定义为生物体通过体细胞进行的无性繁殖，以及由无性繁殖形成的与祖先基因型完全相同的后代个体组成的种群。通常是指利用生物技术由无性生殖产生与原个体有完全相同基因组后代的过程。对于基因克隆来说，则指一个基因反复扩增后产生的多个拷贝（copy）。事实上，在自然界中有不少植物生来就具有克隆本能，如番薯、马铃薯、玫瑰等能够进行插枝繁殖的植物。所以，简单地理解，所谓克隆指的是在亲代通过人工无性繁殖的方法产生子代的过程。

在生物发展史上，克隆技术要早于基因技术出现。早在1938年，基因技术尚未诞生之时，德国生物学家、实验胚胎学的先驱、诺贝尔生理学或医学奖获得者汉斯·斯佩曼（1869—1941）就预言了克隆高级生物的可能性。当时，DNA分子的双螺旋结构尚未发现，基因技术尚在萌芽阶段。1952年，斯佩曼的预言变成了现实——美国科学家罗伯特·布里格斯和托玛斯·金用一只蝌蚪的细胞创造了与原版完全一样的复制品。这个实验也改写了生物技术发展史，成为世界上第一种被克隆的动物。1963年，英国科学家J.哈尔丹纳在题为“人类种族在未来两万年的生物可能性”的演讲上首次采用了“clone”一词，并一直沿用至今。

◁ 克隆动物

随着生物技术的发展，科学家们在克隆研究方面取得了一个又一个的成功。比如，1978年试管婴儿的诞生，1997年克隆羊“多利”的诞生，2000年人类近亲——克隆猕猴诞生，还有后来的克隆鱼、克隆牛、克隆鼠、克隆兔、克隆马以及2005年中国第一头供体细胞克隆猪等。这些成就一方面标志着克隆技术已从探索阶段发展到近于成熟，另一方面也展示出了其广阔的应用前景。

2 克隆技术的发展历程

纵观克隆技术的发展过程，大体上经历了三个发展阶段：第一个发展阶段是微生物克隆时期，即用一个细菌可以很快复制出成千上万个和它一模一样的细菌。在伯耶与科恩的研究中使用的就是微生物克隆技术；第二个发展阶段是生物技术克隆阶段，这个阶段的主要特征是应用相关的技术手段对遗传基因进行克隆；第三个发展阶段是动物克隆阶段，主要特征为可以由一个细胞克隆出一个动物。克隆羊“多利”就是由这种方法产生的。

按技术水平的不同，克隆技术按由宏观到微观主要存在于三个层面：第一，个体水平克隆技术。主要指植物由同一个体通过无性生殖（如植物的发芽、插条等）而增长成个体群的过程。此外，采用组织培养的方法也可以使植物细胞发育成完整植株，用这种方法得到的具有相同基因型的个体群，也被称为克隆。而在动物的无性增殖中，典型的案例就是采用核移植方法产生的克隆蛙，主要内容为把分化细胞的细胞核移植到一个事先去核的蛙卵中，让其发育并得到克隆蛙。

第二，细胞水平克隆技术。在细胞层次上，克隆技术主要指由人工培养的细胞经过有丝分裂形成细胞群的过程。这一方法的优点是相对简单、高效，缺点是如果培养的细胞发生转化，则很容易引起染色体变异，从而达不到克隆的目的。

第三，基因水平的克隆技术。这是目前应用较为广泛的克隆技术，主要指利用基因重组操作技术，使特定的基因与载体结合，在细菌等宿主中进行增殖，并由此得到均匀的基因群。从技术上说，克隆是重组DNA技术的核心部分，而重组DNA则是当前克隆技术中的一个前沿。

目前，克隆实验主要集中在动物克隆之上，主要采取将含有遗传物

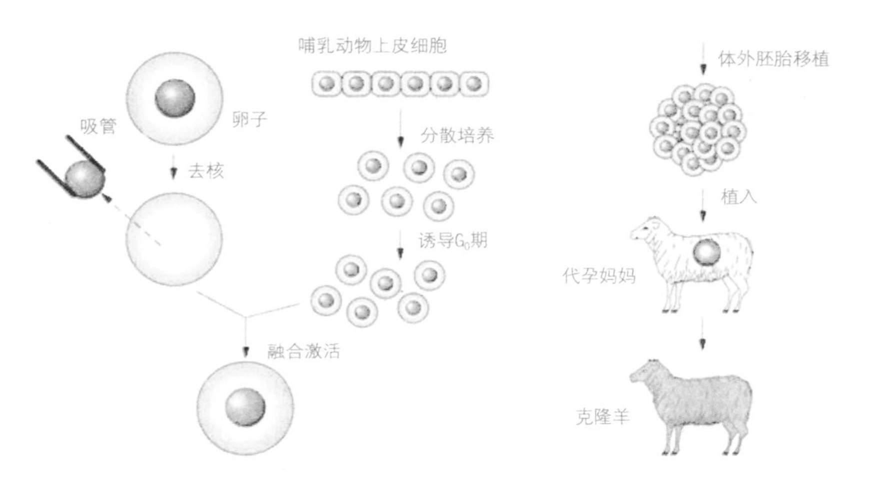

△ 动物克隆过程示意图

质的供体细胞的细胞核移植到去除了细胞核的受体卵细胞中，并使用微电流刺激等手段使两者融合为一体，然后促使这一新细胞分裂并发育成胚胎，当胚胎发育到一定程度后，再被植入动物子宫中使其怀孕，便可产下与提供细胞核的个体基因型相同的动物。这一过程中如果对供体细胞进行基因改造，那么无性繁殖的动物后代基因就会发生相应的变化。

这种动物克隆技术说白了就是无须雌雄个体交配，也不需要自然繁殖中的精卵结合，只需要从动物身上提取一个单细胞，然后按上述方法即可孕育出与单细胞供体完全相同的克隆动物。这种克隆技术的成功不仅证明了利用体细胞进行动物克隆的技术是可行的，也为大规模复制动物优良品种与生产转基因动物提供了有效的方法。

3 克隆技术的应用领域（一）

动物克隆的成功带来了巨大的潜在经济利益，也让许多商家看到了克隆技术的商业前景。归根到底，科技的发展与社会经济的发展是紧密联系的，这一点，克隆技术也不例外。它不但引领了生物科技的发展，也在社会经济发展中独树一帜。从克隆技术目前应用的领域来看，主要有以下八个主要方面：

△ 杂交水稻

1. 克隆技术在农业、畜牧养殖、绿化、渔业育种方面的应用。目前，科学家们应用生物克隆技术对农作物种子的改良取得了大量成果。主要表现在利用克隆技术培育出了大量具有抗旱、抗倒伏、抗病虫害以及抗盐碱等性状的优质高产品种，极大地提高了粮食的产量。这方面很多克隆技术的成果已转化为农业发展的科技力量，比如最早运用基因克隆技术的是植物种子、块茎等贮藏器官中的贮藏蛋白基因。菲律宾马尼拉的国际水稻研究所已经培育出超级水稻，产量可达1.5万斤/公顷。非洲培育出的超级木薯可增产10倍。我国的“杂交水稻之父” 袁隆平培育出的高光效水稻产量可达2.25万公斤/公顷，高光效玉米6万公斤/公顷。可以说，这些成果的诞生都离不开克隆技术。在畜牧养殖方面，应用克隆技术对农畜进行的改良，如对家猪品质进行的改良等；在绿化方面，应用克隆技术进行苗木繁殖，如组

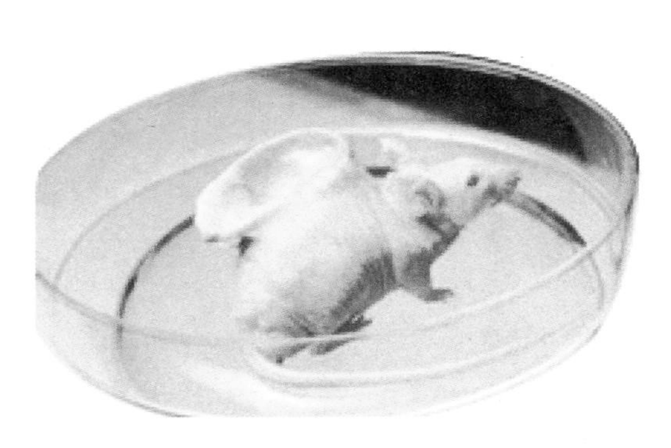

△ 裸鼠长“人耳”

培育苗应用的就是克隆技术；在渔业方面，应用克隆技术对鱼苗进行的改良。

2. 克隆技术在医学方面的应用。在这方面，克隆技术的主要应用表现在器官的移植。一般来说，仅就器官移植所需的技术而言，几乎能够对人类所有器官进行移植，但无法解决的是移植器官的排异反应。正是由于移植器官的这种排异反应，常常让手术以失败告终。为什么会产生排异反应呢？主要原因是组织配型不符导致相容性差。而如果能够以患者的基因型克隆出患者所需的器官，则百分之百不会产生排异反应，因为二者的基因型是一样的，组织也是一样的。在这方面，科学家们已取得了相应的成果，比如在某种动物的身上克隆出人体所需的器官。我国上海的一家研究中心就曾经在一只裸鼠身上成功地克隆出人的耳朵。

克隆技术还为患有不育症的妇女带来了福音。应用克隆技术完全可以把卵子和精子在体外人工控制的环境中完成受精过程，然后把早期胚胎移植到女性的子宫中孕育小生命。克隆技术还可以应用于检测胎儿的遗传缺陷方面的问题，如可以将受精卵克隆作为检测样本，克隆的胚胎与子宫中发育的胎儿在遗传特征上完全相同，通过检测克隆胚胎的发育状况，即可以诊断孕育中的胎儿是否具有遗传缺陷。此外，克隆技术还可应用于治疗神经系统的损伤，如成年人的神经组织没有再生能力，但通过克隆干细胞（一种多潜能细胞，在一定条件下可以分化成多种功能细胞）可以修复神经系统损伤。

4 克隆技术的应用领域（二）

△ 生物制药

3. 克隆技术在生物制药方面的应用。克隆技术可应用于基因药物的生产中。自从1982年美国首次批准基因工程胰岛素上市以来，世界各国已有十多种基因工程医药产品先后获准上市，如人生长激素、α-干扰素、人绒毛膜生长激素、促红细胞生成素、白细胞介素-2、凝血因子Ⅶ、抗胰蛋白酶、尿激酶等。在这些药物的生产过程中主要应用的就是克隆技术。

此外，农业中用的天然杀虫剂，以及细菌肥料和微生物肥料、生物除草剂的生产也要用到克隆技术。在化学工业上，克隆技术也用来生产氨基酸、香料、生物高分子物质、酶、维生素以及单细胞蛋白等。可以说，在现代生活中，克隆技术有着广阔的应用。

△ 转基因山羊

4. 克隆技术在转基因动物及克隆动物方面的应用。在这方面，克隆技术创造了无数个奇迹。继克隆羊“多利”之后，有经济价值的动物转基因克隆接二连三，如美国培育出的生长速度增快20%的鲤鱼、澳大利亚培养出的增产5%羊毛的转基因羊、中国上海遗传研究所和复旦大学合作培育出的乳汁中含有血友病人必需的“有活性的人凝血因子”药物蛋白的转基因山羊等。这为人类应用生物技术建造“动物药厂”带来了希望，这个设想一旦实现，转基因家畜生产的药物蛋白的成本与现行成本相比，可降低成千上万倍。按科学家们的测算，一只转基因羊提供的活性蛋白，相当于上海全年献血总量所含同类蛋白的总和，其价值与意义着实非凡。

事实上，目前世界上已有数十家转基因动物公司开展了“动物药厂”业务，一些发展较快的公司已获得巨大的经济效益。比如，荷兰的一家公司用转基因牛生产乳铁蛋白，每年销售额达数亿美元；英国罗斯林研究所（克隆羊“多利”出生的地方）用转基因羊生产可治疗肺气肿的一种蛋白酶，每升羊奶可售6000美元，市场规模能达到年销售250亿美元。由此，科学家们还预测，在不久的未来“动物药厂”将成为新型高科技、高利润企业。由此而言，克隆技术不仅颠覆了生命的自然属性，也颠覆了传统的企业发展模式。可能一个只有几个人的研究室创造的财富就可以超过一个中型企业。

5. 克隆技术在能源与环保方面的应用与潜力。按人类目前使用化石能源的模式，未来的能源危机迟早要到来，而生物基因工程以及克隆技术为新能源的开发带来了希望。生物学家们正在尝试应用生物技术开发出能够将植物纤维降解进而转化为可以燃烧的酒精或甲醇等新能源的设想。如果这一设想能够成功，将为能源开发开辟新的方向。此外，生物学家们还在尝试选育可降解工业垃圾与生活废弃物的工程菌，用以处理垃圾，使之变废为宝。

5 克隆技术的应用领域（三）

6. 克隆技术在拯救濒危物种以及特异物种保存方面大有用场。克隆技术可以在拯救濒危珍稀物种、利用相同基因背景的动物进行医学研究等方面发挥重要作用，这无疑让濒危物种从此有了再生之道。从生物学的角度看，这也是克隆技术最有价值的一面。

此外，在特异物种的保存方面，克隆技术也大有用武之地。从事良种培育的人都知道，培育良种难，保存良种更难。对于种子植物来说，一个优秀品种常常要经过几代的选育才能产生，即便如此，也无法保证其后代不出现性状的分离。而动物的良种保存一般以选择雄性良种动物的方式进行。但这种方式亦不能保证其后代个个优良，一方面可能是由母本差异造成的，另一方面也可能出自于减数分裂过程中有一半的精子并未携带优良基因。因此，自然繁育的这种不确定性将克隆技术的优势凸显出来。应用克隆技术存储优秀物种的基因，并将这个物种稳定地延续下去成为克隆技术的一大应用方向。

△ 克隆优质种猪

7. 克隆技术成为生产人胚胎干细胞的主要技术。干细胞是哺乳类动物肌体成长中，细胞分裂与组织分化过程中原始的尚未分化的细胞，是形成哺乳类动物各种组织器官的原始细胞，具有多向分化的

潜能与自我复制的能力。在形态上通常呈圆形或椭圆形，细胞的体积较小，细胞核相对较大，核中多为常染色质。按发育状态来划分，干细胞可分为胚胎干细胞与成体干细胞两大类。

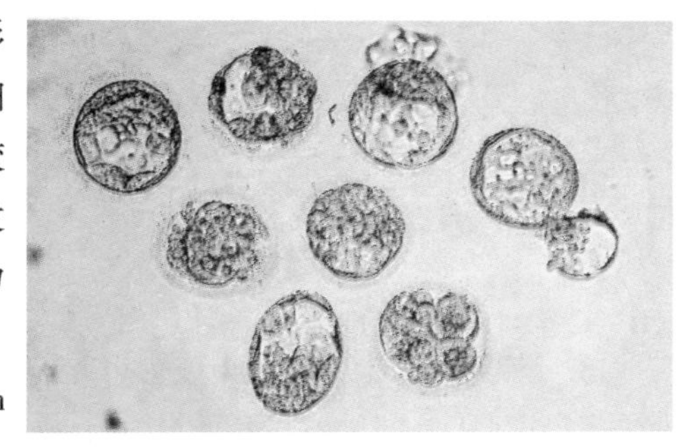

△ 人类胚胎干细胞

胚胎干细胞(embryonic stem cell，ES细胞)即起源细胞是一种高度未分化细胞。它具有发育的全能性，能分化出成体动物的所有组织和器官，包括生殖细胞。在未来发展中，ES细胞移植和其他先进生物技术的联合应用很可能在移植医学领域引发革命性进步。

成体干细胞主要指已完成功能分化的细胞（如成年动物的许多组织和器官、表皮和造血系统）具有修复和再生的能力。在特定条件下，成体干细胞或者产生新的干细胞，或者按一定的程序分化，形成新的功能细胞，从而使组织和器官保持生长和衰退的动态平衡。干细胞这种功能让损伤修复以及器官再造成为可能。因此，医学界也把干细胞称为“万用细胞”。而在这些研究与实验中，克隆技术举足轻重，只有应用克隆技术才可能为患者生产出自身的ES细胞。在技术路线上，科学家设计了这样一条模式：首先将患者体细胞移植到去核卵母细胞中形成重组胚，然后把重组胚在体外培养到囊胚状态，再从囊胚内分离出ES细胞，然后诱导获得的ES细胞定向分化为所需的特定细胞类型(如神经细胞、肌肉细胞和血细胞等），用于替代疗法。这种核移植法的最终目的是用于干细胞治疗，而非得到克隆个体，科学家们也称这种疗法为“治疗克隆”。

6 克隆技术的应用领域（四）

8. 克隆技术让克隆人类成为可能。2002年圣诞节刚过，一则耸人听闻的消息即从美国佛罗里达州传出，被称为“邪教组织”的雷尔教派成员——法国女科学家布里吉特·布瓦瑟利耶在佛罗里达州宣布世界首个克隆婴儿——“夏娃”已于26日降临人世，这一天，也是圣诞节后的第一天。消息一经传出，立即引发了国际科学界、宗教界以及各国政要的关注，强烈的质疑与指责纷至沓来，引发了人们对人类前途的忧虑。

不过，目前为止，这则消息的真实性尚未得到证实，但由此引发的议论却铺天盖地。美国著名科学杂志《发现》还将克隆评为2002年度最重要的100条科技新闻的榜首，并估测全球可能有数十个实验室拥有克隆人的知识、设备和技能。尽管目前人们还不希望克隆人的出现，但没有人能够保证这些具备这样能力的机构不去克隆人。

△ "克隆人"

客观地看，从克隆技术的发展上看，克隆人不应存在障碍，困难的是如何面对社会伦理与公众质疑的目光。美国导演迈克尔·贝编导的科幻影片《逃出克隆岛》中体现了克隆人的合法性以及克隆人对社会伦理道德构成的挑战。影片大意为美国的一些政要与富商为了更换衰老的器官，在一家克隆公司的诱惑下，纷纷投入大笔资金来克隆备用器官，以备不时之需。这家公司由此克隆出一大批克隆人，并为了免于道德与法律的责难而在远离城市荒无人烟的一个地下军事设施内制造了一个地下克隆人世界。在这里，一个个活生生的克隆人与正常的人类没什么两样，只是没有人类的生存权利，随时都可能被用户取走器官并由此结束生命。为了生存下去，一个克隆人历尽艰险逃了出来，找到了出钱克隆自己的用户，并最终巧妙地利用追踪而来的特工杀死了这个用户从而获得了短暂的生活权利。可是，克隆公司的追踪仍没有结束。为了保护自己，这名逃出来的克隆人想出了一个主意——打开地下克隆人世界，放出所有的克隆人，这样才能在社会舆论的压力下保护自己。最后，这个克隆人的目的达到了，上千名克隆人拥出地下世界，而现实世界中的人们如何面对这群克隆人则成了影片最后的悬念。

△《逃出克隆岛》剧照

总的来说，克隆技术为人类带来了许多可贵的创新，并进一步揭开了生命的奥妙。但克隆技术的使用，也对自然的生物进化，以及人类社会所形成的种种理念与道德伦理观形成了严峻的挑战。

7 克隆动物的缺陷

1997年，克隆羊“多利”诞生的消息一经发布，整个世界为之震动，有人称之为“历史性的事件，科学的创举”，还有人甚至认为这种克隆技术的成功堪与当年原子弹的问世相提并论，并在生物学界掀起了一股克隆热潮。在消息公布之后的一个月时间内，美国、澳大利亚以及我国台湾的科学家也纷纷发表了成功克隆猴子、牛和猪的消息，似乎一夜之间，克隆时代已来到人们眼前。不过后者采用的都是胚胎细胞进行的克隆，其意义与价值自然不能与“多利”相提并论。

△ 克隆羊“多利”

但是，据披露的资料来看，克隆动物技术仍存在许多缺点与不足。首先，以“多利”为例，在培育“多利”的实验中，共移植了277枚移植了体细胞核的卵细胞，仅仅获得了一只成活的羔羊，成功率仅为0.36%。其次，从科学家们克隆出来的所有动物的成长状态来看，培育出的个体部分表现出生理缺陷或免疫缺陷，比如日本、法国等培育出的克隆牛在两个月内死掉，原因是部分牛宝宝胎盘功能不完善，其血液中含氧量及生长因子的浓度都低于正常水平，还有些牛宝宝的胸腺、脾和淋巴腺未得到正常发育。

克隆动物技术面临的另一大问题是克隆动物生育率低下，且繁殖代数越多，生育率越低。迄今为止，实验鼠繁殖6代、牛繁殖2代就达到了极限。一旦提供可供克隆的细胞的动物死亡，遗传信息就会断绝。这对于使用克隆技术挽救濒危物种来说也许是一个亟待解决的问题。

此外，克隆动物胎儿普遍存在比普通动物发育快的倾向。即便是最为成功的克隆羊“多利”也被发现有早衰的迹象，科学家们后来发现，“多利”的染色体端粒比正常羊的要短，因而导致其细胞处于早衰的状态。对此，当时的科学家们的解释是可能是缘于使用成年绵羊的细胞克隆的原因，使“多利”的细胞中带上了成年细胞的印记。不过这一解释后来受到了美国马萨诸塞州的医生罗伯特·兰扎的质疑，他用衰老的牛的细胞克隆出的小牛的染色体端粒比普通的同龄小牛要长。这一现象与之前科学家们对“多利”衰老的原因的解释正好相反。这也说明，在克隆实验过程中会因实验的情况不同而改变成熟细胞的生物钟，并使其改变正常的生命节奏，而关于这种变化对克隆动物存活期的影响还有待于进一步观察与研究。由此而言，克隆生命也许并不像表面上表现的这样简单，控制生命的深层原因仍然需要更为深入的研究与探索。（注：染色体的末端称为端粒，具有决定细胞分裂次数的功能。染色体的每一次分裂，端粒都会相应地缩短，直至耗尽而使细胞就失去分裂能力。这一过程的外在表现就是衰老。）

总之，克隆技术已经成为生物技术领域的一个重要技术，它使生物科学又一次飞跃。当然，在克隆技术日趋成熟的情况下，其应用方向也成为人们值得深入探讨与研究的重要问题。

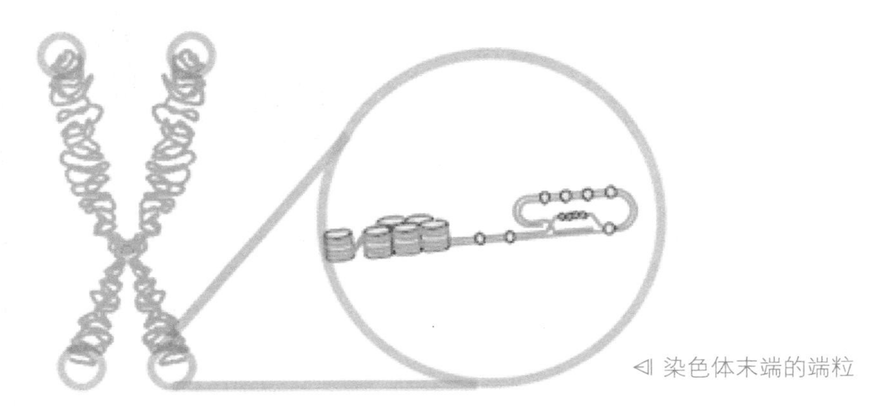

◁ 染色体末端的端粒

8 克隆技术潜在的负面影响

对于克隆技术来说，其潜在的负面影响一直是公众关注的焦点。首先，从生态层面来说，克隆技术在植物领域的过度使用，会威胁到基因多样性的自然保持，从而改变自然的生态结构，导致生物的自然进化受到人为因素的影响，甚至会出现生物进化的逆向演变，即生物由复杂走向简单。克隆技术对生物多样性的影响，完全有可能给人类带来灾难性后果。

△ 哦，我被克隆了

此外，克隆技术在农业领域的应用，让农业产品工业化生产成为可能，但这种情形极易造成农业产品服从于经济规律的要求而趋于单一化生产。而这种趋于单一化生产在生态学意义上后患无穷，主要因为趋于单一的品系面临巨大的生态风险。所以，克隆技术以及基因技术的应用，应从生态安全这个大的前提出发，合理应用，不能因短期利益而牺牲长期利益。

其次，克隆技术的非正常应用颠覆了人类数千年来建立起来的人与自然的关系准则，也构成了对生物独特性与唯一性的挑战。克隆动物或克隆人，打破了生物进化的自然规律。自然界中的每一个生命都是独特的、唯一的，而克隆技术的应用，打破了这一规律，带上了“反自然的色彩”，势必造成生物间关系的紊乱，还可能引发生态危机。

再次，在人们对克隆技术的种种担忧中，克隆技术也对伦理道德、社会秩序以及公民的社会安全感构成了挑战。克隆动物改变了生物伦理，也打乱了生物的世代关系。若有一天，一个与你别无二致的克隆人来到你的面前，你将如何应对？你所拥有的一切是否也属于你的克隆人？此外，克隆人很可能会改变人类的生育模式，进而改变人类几千年来建立起来的社会秩序，对人类伦理道德也具有直接的挑战。

更加令人担忧的是，如果克隆人的工厂化生产模式得以实行，必然会切断人类血缘关系的纽带，切断人类几千年来传承的亲情哺育方式。由此而产生的将是一种缺乏情感联系的社会关系，现有人类文明也可能颠覆。

还有，在宗教界人士的反对声音中，一个根本问题就是人是由身、心、灵构成的复合体，是自然孕育的万物之灵，尽管肌体可以通过克隆的方式复制，但灵魂是无法复制的。所以，克隆人只能是“半成品”，尚难以与正常人相提并论。因此，反对克隆人也是对人类独有性的一种保护。

由此而言，克隆技术的发展仍将面临着种种考验，需要我们每个人的努力与坚持，更需要社会对其的监督与规范。只有这样它才能更好地服务于人类，而非挑战人类社会。

9 世界各国对克隆的态度

尽管克隆动物乃至克隆人在技术方面仍存在缺陷，成功率很低，被克隆的后代常常出现死亡或畸形、癌症、早衰等多种身体异常状况。但为了防范克隆技术带来不良后果甚至生态灾难，未雨绸缪显然成为一种必要的措施。当然也要看克隆技术的关键掌握在什么人的手中，有良知的人可以用来造福人类，而邪恶的人则难免会对人类造成危害。而人们需要做的，只能是从人类的长远利益出发，正确使用克隆技术，使之成为有益于人类的重要创造与发明。

从全球的角度来看，从第一个基因技术专利颁发之日起，世界已经向克隆技术敞开了大门。由此而言，克隆技术的诞生与发展也在情理之中，只是其所具备的颠覆人类伦理道德乃至传统文化的潜在威胁，不得不让人们谨慎对待。

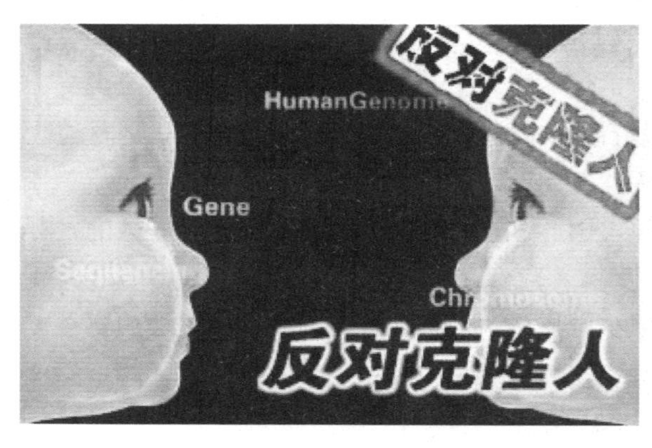

△ 反对克隆人

由于克隆人问题可能带来的复杂后果，世界各国尤其是生物技术发达的国家，现在大都对此采取明令禁止或者严加限制的态度。美国广播公司曾做过一次关于克隆人的民意测验，结果表明：87%的人反对克隆人；82%的人认为克隆人不符合人类的传统伦理道德；93%的人反对复制自己；53%的人认为如果将克隆人仅限于医学目的还是可

以的。目前，已有23个国家明令禁止生殖性克隆。我国已明确反对克隆人，但对于把克隆技术应用于人体医学技术领域，则给予切实的支持。

不过，从克隆技术近年来的发展来看，世界各科技大国在这一领域都不甘落后。英国政府的态度具有鲜明的代表性，早在1997年2月底宣布中止对“多利”研究小组投资之后不到1个月的时间，英国科技委员会就对克隆技术发表专题报告，并重申英国政府将重新考虑这一决定。他们认为盲目禁止这方面的研究并不是明智之举，关键在于建立一定的规范使之为人类造福。

2012年，英国以超过三分之二的多数票通过了允许克隆人早期胚胎的法案，表明对克隆人的态度有所缓和。此后，美国、德国、澳大利亚也传出“放松对治疗性克隆的限制”的呼声。

由此而知，世界各国在对待克隆技术的应用范畴上，仍然处于开放与限制并举的矛盾之中。而从现实的角度来说，在这一领域处于领先地位无疑会免于遭受现在还无法预测的损失。

△ 反对克隆人类

八　基因经济

随着基因工程技术的发展与应用，生物学领域发生了一场根本性的变革。这场变革的一个直观标志就是以基因工程为主的现代生物技术已成为生物学的前沿领域。基因工程技术引领的产业经济正在经济领域异军突起，且随着基因产品的不断诞生，其规模飞速增长，并创造了前所未有的经济奇迹。

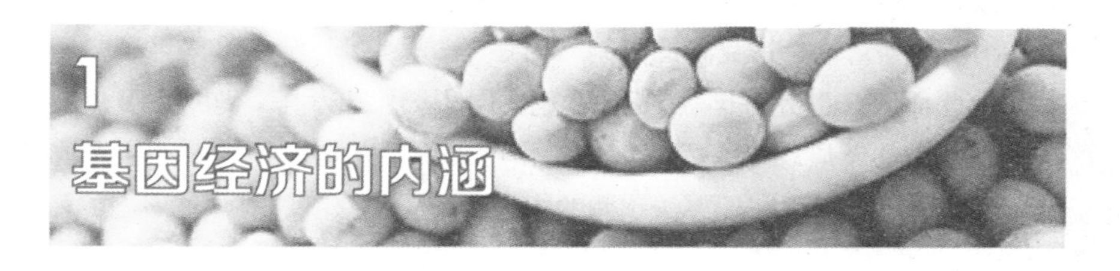

1 基因经济的内涵

简单地说，基因经济就是以基因技术为基础创造出能够满足人类某种需要的基因产品，并由此形成基因产业，产生经济效益。许多描述基因经济的著述还将基因经济定义为：以基因产品满足人们精神和物质需求并能形成资本运作、资本市场、扩大再生产和推动整个社会经济迅速增长和发展的一种新经济。基因经济的核心是具有基因产品的规模化生产能力，并形成了产业化发展的格局。

目前而言，基因经济已成为推动

社会经济快速增长与发展的新的经济类型，在各国的经济成分中所占比重不断上升。从基因经济的发展状况来说，目前的基因经济已走过了孕育阶段，正处于成长时期。有业内人士展望，基因经济的发展将取代信息经济的地位，形成基因经济时代。

我们知道，信息技术引领的现代工业经济发展与转型为经济社会的发展注入了强劲的活力，信息化已成为现代经济的一个主要特征。以美国为例，在信息技术革命的引领下，社会经济从1991年走出萧条期开始新一轮复苏，至2008年全球金融危机爆发，持续增长了近100个月，远远超出二战以后美国经济平均连续增长50个月的纪录，成为战后美国第3个最长的经济增长期。这一时期，美国经济的年均增长率超过日本、德国等主要竞争对手，从而扭转了美国经济增长速度在20世纪七八十年代落后于日本、德国的局面。而这一切成果的取得，与信息技术的兴起密不可分。

那么，基因技术较信息技术有哪些可以促进经济增长的优点呢？对此，我们可以从基因经济的主要领域来分析基因技术的商业化水平与产业化规模，并对基因经济有一个轮廓性认识。

总体上说，基因经济是一种新型经济，是知识经济的典型代表，也是世界各国正在致力于推进的经济成分。较传统经济而言，基因经济具有低投入高产出的特点。在产品成熟的前提下，往往一个实验室几名基因技术熟练的实验员就可以创造巨大的经济价值。目前，基因经济主要在五大领域形成一定规模，其发展潜力远超传统经济，是正在形成与高速增长的新型经济。

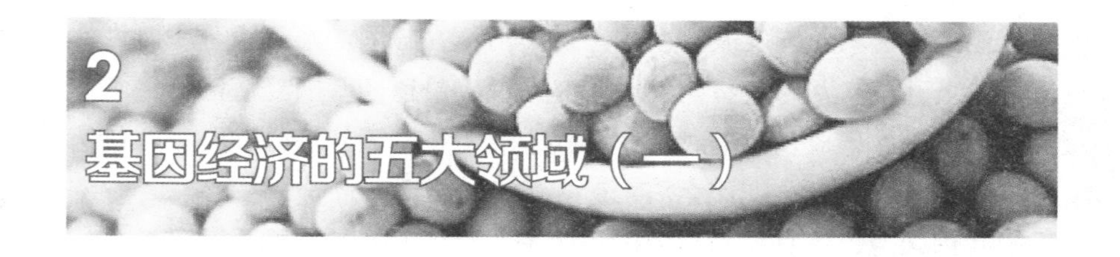

2 基因经济的五大领域（一）

目前而言，基因技术的产业化应用以及由此形成的基因经济主要存在于五大领域之中。

1. 基因技术在农作物新品种的培育方面，以及转基因动植物与转基因食品生产方面的应用。当前，利用基因技术改良农作物已取得重大进展，转基因植物已较为常见。而转基因食品近几年来也已悄悄走上人们的餐桌。

基因工程作物之所以发展神速，主要是因为传统的育种方法一般需要七八年的时间才能培育出一个稳定的新品种，而基因工程技术却可使研究人员用一半的时间培育出一种全新的、稳定的作物品种。基因技术还可以让作物品种具备某种"特异功能"，如基因技术可以培育出自己释放"杀虫剂"的作物，还可以使农作物种植在旱地或盐碱地上，一方面能利用盐碱地生产出可以食用的粮食或蔬菜等，另一方面还能改良土壤。此外，科学家们还利用基因技术把不同植物的基因进行组合，把动物甚至人的基因整合到植物中去。比如，科学家看中了一种北极熊的基因，认为它有抵抗寒冷的作用，于是将其分离取出，再植入番茄之中，从而培育出耐寒番茄等。再比如，马铃薯植入天蚕素（一种动物抗菌肽）的基因后，抗青枯病、软腐病的能力大大提高。

△ 转基因番茄

从1996年全球转基因作物商业化种植开始到现在，不到20年的时间，已有20多种转基因农作物投入生产，其中转基因大豆占全球转基因作物种植面积的47%，转基因玉米、棉花和油菜分别占32%、15%和5%。2011年之时，全球转基因农作物耕作面积已达1.6亿公顷，占全球耕地的10%。其中，美国、巴西、阿根廷、印度和加拿大的转基因作物种植面积高居世界前五。而作为世界上最大的转基因作物种植国家——美国，其种植面积占全球的43%。有专家估测，未来20年中，美国基因工程农产品的产值将达到750亿美元，到下个世纪初，很可能美国的每一种食品中都含有一点基因工程的成分。

△ 转基因南瓜

在转基因食品研究方面，利用转基因技术可生产有利于健康或能抗疾病的食品。比如，通过基因改造的转基因大豆，可以榨取益于健康的食用油；日本科学家培育出可减少血清胆固醇含量、防止动脉粥样硬化的水稻新品种；欧洲科学家新培育出了米粒中富含维生素A和铁的转基因稻，这一成果有可能会改善缺铁性贫血和维生素A缺乏症的发病率等。

在转基因动物研究方面，科学家们利用转基因技术，能够把生长激素基因、多产基因、促卵泡激素基因、高泌乳量基因、瘦肉型基因、角蛋白基因、抗寄生虫基因、抗病毒基因等外源基因导入动物的精子、卵细胞或受精卵中，培育出生长周期短、产仔多、生蛋多、泌乳量高，生产的肉类、皮毛品质与加工性能好，并具有抗病性的动物。

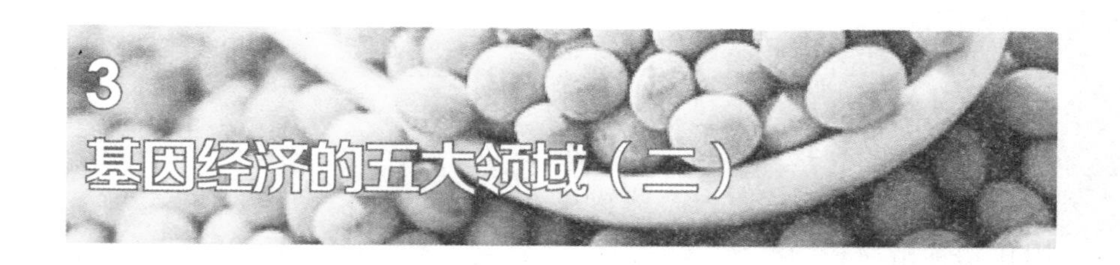

2. 基因技术在环保产业与军事方面的应用与发展潜力。在这方面基因技术也有着巨大的发展空间，前面的章节中我们曾描述过用于清除海上原油泄露的“超级工程菌”，它就是基因工程技术在环保方面的一个应用实例。此外，在环境保护上，科学家们还发明了“基因武器”，比如可以针对破坏生态平衡的动植物研制专门的基因药物，既可以高效地消灭它们，又不会影响其他生物，且成本低廉。就拿我国来说，如果有一种基因产品能够高效杀死一直危害我国淡水区域的水葫芦的话，每年就可以创造至少几十亿元人民币的价值。再比如，城市水域污染问题也是困扰大多数城市的一个问题，如果针对城市污水研制出具有清污效果的基因产品，其价值更无法估量。

△ 水葫芦覆盖了整条河道

基因技术在军事方面也具有巨大的应用潜力。据俄罗斯军事研究人员确认，世界上约有10至15个国家已经制定或正在制定基因或生物战计划。这种计划的核心就是通过基因重组而制造出新型生物武器。它运用基因工程技术，按设计者的需要，通过基因重组，把一些特殊的致病基因移植到微生物体内。直白地说，基因武器就是采用基因工程技术，制造出的新一代病毒或致病菌。但是与常规武器相比，基因武器更具隐蔽性与杀伤力。正因为如此，基因工程的技术成果一经问世，便在军事领域受到青睐。一些军事大国也竞相投入大量人力和财力来研究基因武器。据国外报刊披露，美国政府每年用于生物武器的研究经费约为20亿美元。据报道，马里兰州的美国军事医学研究所实际上就是基因武器研究中心，他们已经研制出了一些具有实战价值的基因武器。还有，俄罗斯也在试着将眼镜蛇的蛇毒基因和流感病毒的基因重组，制成新型流感病毒。如果有人感染了这种病毒，就不单纯是感冒的问题了，携带的蛇毒基因就会让人丧生。更加恐怖的是，随着人类基因组计划的完成，一些国家利用研究成果，又试图制造针对某个种族的种族武器。不过，值得宽慰的是，生物学家一致认为这种武器在短期内还不会变为现实。

3. 基因经济在医疗方面的应用。随着对基因研究的不断深入，科学家发现人类的许多疾病都是由于基因的结构与功能发生改变所造成的。应用基因技术不仅能够诊断这种基因疾病，还能够进行基因治疗、修复与预防。目前，通过基因检测发现的遗传病有6000多种，其中因单基因缺陷引发的病症就有3000多种。基因治疗已是治疗某些遗传性疾病的主要手段。1990年，第一例基因治疗的对象是两名小女孩，一个4岁，一个9岁。她们都是因体内腺苷脱氨酶缺乏而患上了严重的联合免疫缺陷症，科学家们对其采取了基因治疗的方法，并取得了圆满成功。1991年，我国首例B型血友病的基因治疗临床实验也获得了成功。由此，基因治疗由研究阶段过渡到了临床治疗阶段，并初步实现了经济价值。

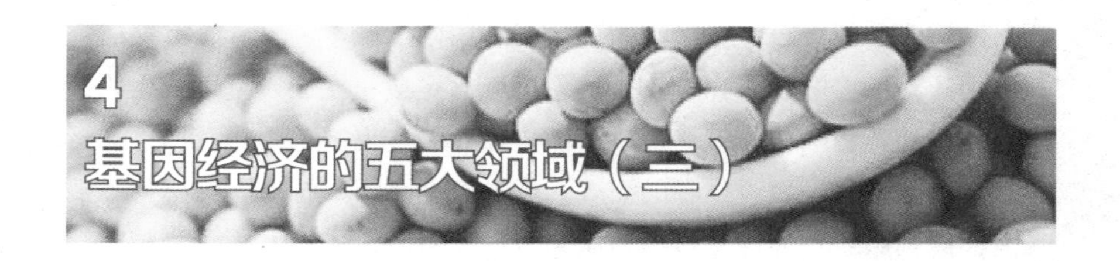

4 基因经济的五大领域（三）

4. 基因技术开创了基因工程药物开发与应用的先河。笼统地说，凡是在药物生产过程中涉及基因技术应用的都属于基因工程药物。在这方面，基因工程技术的应用前景可谓十分广阔，而经济价值也十分巨大。例如，仅仅一个生长激素基因，在美国国内市场年消费就达875亿美元，加上产品的生产、营销、保管、运输等，其附加值和经济效益远超这个数字的本身，基因经济的潜能可见一斑。

目前，基因工程药物研究与开发的重点是从大分子蛋白质类药物，如胰岛素、人生长激素、促红细胞生成素等转移到寻找较小分子蛋白质药物上。这是因为蛋白质的分子一般都比较大，不容易穿过细胞膜，而影响其药理作用的发挥，而小分子药物在这方面就具有明显的优越性。

现今已研究成功的基因工程药物主要分两大类：一类是基因重组多肽或蛋白质类药物，如干扰素、乙肝疫苗、促红细胞生成素、人生长激素、白细胞介素-2、人血小板生长因子、胰岛素生长因子等；另一类是酶类基因工程药物，如尿激酶原、链激酶、超氧化物歧化酶、牛凝乳酶原等。我国第一个具有自主知识产权的基因工程药物是重组人工干扰素，诞生于1989年，并形成了一定的经济效益。按有关专家的预测，“十二五”期间，我国生物医药产业的年均增长速度将保持在20%左右。至2015年，我国生物医药将实现总产值3万亿元人民币。巨大的发展潜力与经济价值也让基因工程制药成为未来竞争的主战场。

5. 基因工程技术正成为人体干细胞研究的主要手段。在前面的章节中，我们介绍了人体干细胞的作用以及研究干细胞的前景与潜力。而这种研究成果一旦进入实质性的应用阶段，也会带来巨大的经济效益。2001年，我国西北林业大学的一个专家小组通过诱导作用使干细胞分

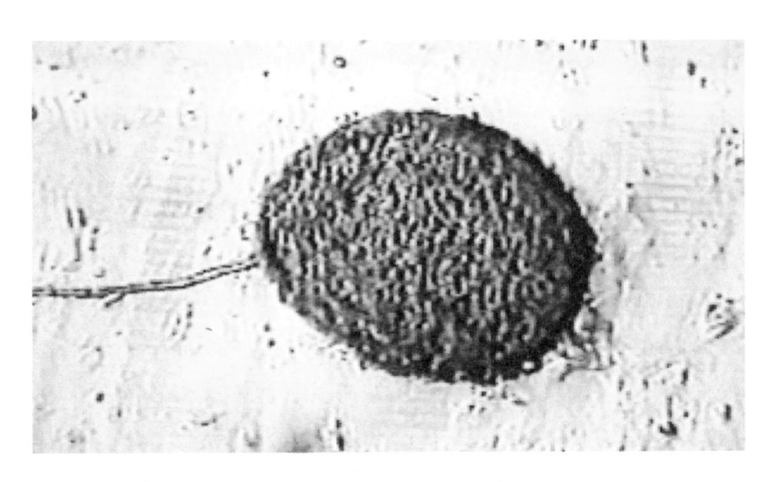

△ 心脏跳动样团细胞

化，从而从人类胚胎干细胞中成功获取了心脏跳动样团细胞，这是中国科学家第一次取得这样的成就。这个成就标志着我国在人类干细胞的研究中已进入国际先进行列。2002年，浙江大学药学院的科学家成功地从小鼠胚胎的全能干细胞中提取出成熟的多能干细胞，并将胚胎干细胞体外定向分化成了自主跳动的单一心肌细胞。在此基础上，他们还成功构建了一个新药筛选模型。据介绍，模型的建立有望从基因层面破解心血管疾病、糖尿病、癌症、帕金森氏综合征等严重困扰人类生存健康的疾病。而这项研究如果取得成果，必将为基因经济增添新的动力。

在以上我们描述的基因经济具有代表性的五个方面中，从基因工程育种到转基因植物与转基因动物，以及由此形成的转基因食品，构成了基因经济的基础内涵；而基因治疗与基因药物研发则构成了基因经济的核心骨架；在此基础上，基因技术在干细胞领域的应用也为基因经济展现了美好的前景，而基因技术在环保与军事领域的应用也是基因经济的重要组成部分。由此，我们可以看出，基因经济有着广阔的发展潜力与巨大的经济前景。因此，基因经济也必将成为世界经济发展的新的经济增长点。

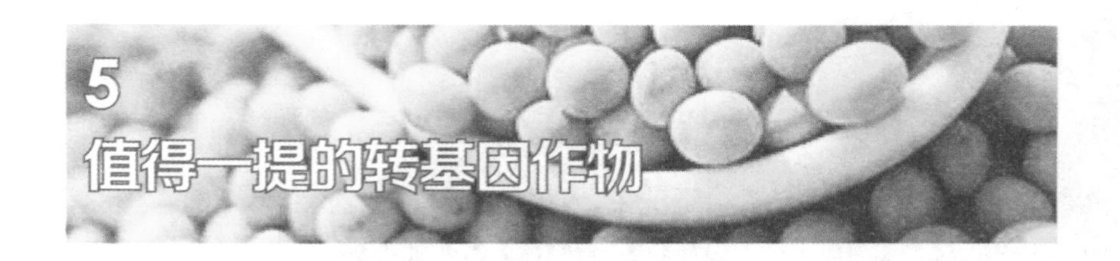

5 值得一提的转基因作物

在当今世界人口膨胀、水资源短缺、农业用水日益紧张及气候变化加剧等多重因素的共同作用下，以扩大耕地面积、增加生产用水和施肥来提高粮食产量的可能性十分有限，如何妥善地解决粮食问题，现成为各国生物技术攻坚的重中之重。在已开展的诸项战略技术中，转基因作物以能显著增加世界粮食、饲料和纤维生产率而成为全球关注的热点。

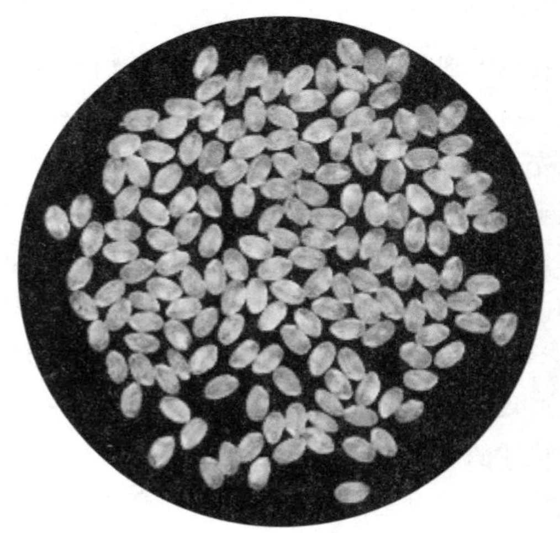

△ “黄金”大米

转基因作物就是利用基因工程技术，将人工分离和修饰过的外源基因导入到农作物中，使之表达且稳定遗传，从而赋予作物新的性状，如抗虫、抗病、抗逆、高产和优质等，达到改造农作物的目的。按照生物技术产业的划分，转基因作物可大体上划分为三代：第一代转基因作物主要是插入抗逆性外源基因，比如插入抗病虫性、抗旱性等外源基因；第二代转基因作物主要插入的是提高品种质量的外源基因，比如提高营养含量的功能性基因等；第三代转基因作物有一些新颖的用途，如植物制药、植物制造工业产品等。这一应用可大幅度增加农副产品的附加值，比如富含维生素A的金米、高赖氨酸玉米、高油酸大豆以及生产可降解塑料的转基因植物等。

第一代转基因作物的主要优势是产量明显增加。以美国为例，玉米单产从20世纪30年代的20蒲式耳/英亩（美国的一种计量单位，1蒲式耳相当于35.238升。1蒲式耳大豆的重量是27.2154千克），增长至70年代时的70蒲式耳/英亩，到90年代中期达到140蒲式耳/英亩，单产水平提高了7倍，这种增长的主要原因就是植物品种的基因改良。继第一代转基因作物取得成功之后，第二、第三代转基因作物品种的研发速度大大加快。目前已经有多种医用蛋白、抗体、疫苗在植物悬浮细胞中表达，如采用农杆菌介导的方法在烟草中表达重组乙肝病毒表面抗原，生产乙型肝炎疫苗等。

从转基因作物发展时间上看，1983年世界上第一种转基因作物——一种含有抗生素类抗体的烟草的诞生开始，到1993年第一个获准商业化种植的延迟成熟的转基因西红柿问世为止，转基因作物走过了最稚嫩的10年。这10年可以看成是转基因作物的孕育阶段。自1996年起，转基因农作物获得批准进入田间试验，全球转基因作物由此进入了一个快速发展期，许多转基因作物开始走出实验室进入适应性种植阶段。这一阶段中，美国的大型生物育种公司领跑了整个行业。

此外，在技术应用上，转基因作物研究由单一的外源基因植入向复合基因植入方向发展。据相关资料统计，在2009年之时，已有21%的转基因作物具有复合基因。而未来转基因育种的发展方向，有可能在现有基础上，进一步导入新的复合基因来改善现有品种的产量和品质。未来产品的复合性状将包括抗虫、抗除草剂、抗旱性状，以及营养改良等。可见，转基因作物的发展空间十分广阔。

6 转基因作物的全球化

转基因技术是生物技术中的一项重大发明，也是人类科技发展的重大进步。转基因技术在农业领域的应用，以及转基因作物在全球范围内的发展，不仅仅是基因产业的发展问题，其所涉及的生态、人类健康、经济安全、国际贸易乃至政治领域的敏感话题，已远远超越了科学技术本身的范畴，不能不吸引世界的广泛关注，并成为世界各国重要的战略研究课题。

△ ISAAA

2010年，国际农业生物技术应用服务组织（ISAAA）在北京发表2009年度全球生物技术/转基因作物商业化发展态势报告，认为全球第二轮生物技术发展浪潮已经开始。ISAAA报告还宣称，2009年全球生物技术发展一个最显著的进步是中国做出的一项里程碑式的决策——为转基因抗虫水稻和植酸酶玉米颁发生物安全发展证书。这标志着中国政府已打开了重要粮食生产中转基因作物的大门。因为水稻和玉米分别是世界上最重要的粮食作物和饲料作物，因此这一生物安全认证对未来转基因作物在中国乃至亚洲的推广有巨大的影响。作为人口大国，中国对粮食安全的重视超过世界上任何一个国家，对转基因作物一直持慎重态度，而这两种转基因作物获得安全证书也表明中国政府对转基因作物的态度。

ISAAA 2014年3月发布的“2013年全球生物技术/转基因作物商业化发展态势”报告为我们描述了全球转基因作物的最新动态。报告披露，从种植面积上看，2013年全球转基因作物种植面积超过了1.75亿公顷，比2012年的1.7亿公顷增长了3%，保持了17年的连续增长。全球转基因作物的种植面积从1996年的170万公顷增加到2013年的1.75亿公顷，增加了100倍以上，使转基因作物成为现代农业史上应用最为迅速的作物技术。在这18年间，全球30多个国家的数百万农民以空前的比例种植了转基因作物，累计种植面积超过16亿公顷。2013年27个种植转基因作物的国家中有19个为发展中国家，8个为发达国家。排名前十位的国家种植转基因作物的面积均超过了100万公顷，其中8个为发展中国家，这为将来转基因作物的多样化持续发展打下了广泛的基础。

从经济效益上看，从1996年转基因作物开始种植算起，到2012年为止，转基因作物已为发展中国家带来了累计579亿美元的收益，为发达国家带来了590亿美元的收益。仅2012年，转基因作物为发展中国家和发达国家带来的收益分别为86亿美元和101亿美元。而2013年，仅转基因种子的全球市场价值就超过了150亿美元。可见，转基因作物的经济效益十分乐观，而且后劲十足。

总之，随着世界人口的不断增长，以及各国对转基因作物及其产品政策的不断放宽，必将带来转基因作物的全球化发展，由它所带动的农业经济产业也必将得到蓬勃的发展。

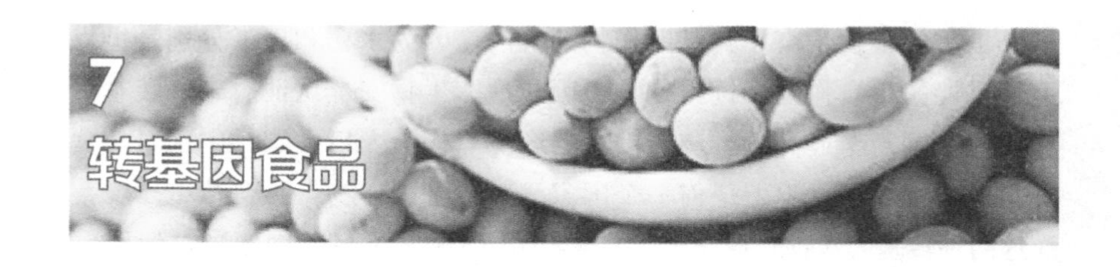

7 转基因食品

随着转基因技术的应用，转基因植物、转基因动物、转基因微生物不断出现在世人的视野中，并堂而皇之地走上人们的餐桌。

按转基因食品来源的不同可将其分为转基因植物食品、转基因动物食品和转基因微生物食品。目前而言，发展最快，使用范围最广、涉及的人群最多的是转基因植物食品，比如人们常见的转基因大豆油、转基因西红柿、转基因玉米等许多含有外源基因的油料、蔬菜、粮食都已成为生活中的必需品。其次，转基因动物如鱼、牛、羊、猪等也成为人们餐桌上的食品。这类转基因动物食品虽然与普通动物食品在口感与营养上没有多大差别，但因其具有普通食品不具有的一些外来基因或成分，大多数国家对它持慎重态度，只有美国等少数国家获准转基因动物食品上市。此外，使用转基因细菌和真菌生产的酶来加工食品也已经比较普遍。比如在面包、啤酒、酸奶等食品和饮料的生产中转基因酵母菌的应用等。总体上说，目前转基因食品已成为人们生活的一部分。

按转基因食品中是否含有转基因源可将其分为三种不同类型：一是食品本身不含转基因的转基因食品，是指食品尽管来源于转基因生物，但其产品本身并

▽ 转基因食品专区

不会有任何转移来的基因。比如，现在进口的转基因大豆严格来讲，精炼提纯以后的大豆油里头是不会含有转基因成分的，因为它的主要成分是脂肪，而转基因（主要是抗虫基因）所表达的产物是蛋白，它在大豆精炼的各个过程中，应该说已经剔除了。二是确实含有转基因成分的转基因食品，是指转基因食品中的转基因成分在加工过程中其特性已发生了改变，转移来的活性基因已不复存。三是确实带有活性基因成分的转基因食品，是指人们在食用这种转基因食品后，转移来的基因和生物本身固有的基因均会被人体消化吸收的转基因食品。这三种转基因食品中，第一类、第二类较易被广大消费接受，而第三类则饱受争议，需要大家慎重对待。

△ 转基因食品

目前，转基因食品获准上市最多的国家是美国。美国食品和药品管理局确定的转基因品种种类繁多，超过60%以上的加工食品含有转基因成分，90%以上的大豆，50%以上的玉米、小麦制品是转基因食品。

就我国而言，已经批准种植的转基因农作物主要有玉米、水稻、甜椒、西红柿、土豆。今后还可能陆续批准的农作物有小麦、甘薯、谷子、花生等。目前，批准进口的转基因食品有大豆油、菜子油、大豆等。值得一提的是，花生油是非转基因的。

8 媒体对转基因作物的抨击

事实上，从转基因作物及转基因食品诞生之日起，其安全性就一直饱受争议。许多反对转基因作物与转基因食品人士（统称反基人士）以及一些环保组织一直担心转基因作物会给生态带来危害，对转基因食品的食用安全性表示担忧。

当然反基人士以及对转基因作物持怀疑态度的环保组织的担忧并非空穴来风。2010年前后，美国《基因杂志》与《纽约时报》先后以“超级杂草全球泛滥，应该怪谁？”和“除草药剂咋不工作了？”为题，报道了“超级杂草”肆虐的事实。

△ “超级害虫”B型烟粉虱

《基因杂志》在文章中评述道：1999年前后，即早在转基因作物商业化种植和上市后三两年，《纽约时报》等媒体就发表评论说，转基因作物商业化种植犹如“定时炸弹”，短期内隐蔽难辨、长期使用将起爆成灾。特别是“超级杂草”和“超级害虫”其“辐射”的间接危害可能比它本身的危害还要厉害。如今，这一预见已初现端倪，其中“超级杂草”已经在美国泛滥成灾，对农田、农业和生态环境的安全造成严重的威胁。

《纽约时报》则在文章中评述道：种植转基因作物使杂草在美国泛

滥成灾。在2000年，美国只有一两个州出现个别“超级杂草”现象，而如今是至少有多种“超级杂草”遍布美国22个州。一位种植了转基因作物的农场主安德森先生表示，这些“超级杂草”已让他们的农田作业回到了20年前的糟糕状态（手工拔草的状态）。该报还引用了一位专职生态研究的美国学者的话，他说：“这真可谓‘道高一尺，魔高一丈’，自然力量使杂草通过抗性作用而成为人类现有手段无法克服的‘超级杂草’，且种子漂移四处蔓延，在没有种植转基因作物的地方也出现了‘超级杂草’泛滥成灾的危害。如今，几乎一半的美国国土面临‘超级杂草’的严重威胁。转基因作物的种植让我们看到的是‘超级杂草’在证明达尔文进化的同时终于在我们眼前实现了‘大跃进’”。

△ 加拿大超级杂草“一枝黄花”

事实上，早在1995年，加拿大首次商业化种植了通过基因工程改造的转基因油菜。但在种植后的几年里，农田中便出现了对多种除草剂具有抗性的野草化的油菜植株，即“超级杂草”。如今，这种野草化的油菜在加拿大的草原、农田里已非常普遍。

转基因作物及转基因食品存在各种质疑和批判，其中有的是谣传，有的未经证实，而且我们也无法证明转基因作物中的外来基因已扩散到其他植物中，但转基因作物确实催生了可以抵抗除草剂的“超级杂草”。

9 基因科学家的回应与反基人士的证据

其实，我们在上节讲到的“超级杂草”主要是转基因植物（主要是转抗除草剂基因）本身变成的杂草，或者通过花粉的传播与受精将某些外源抗性基因传给野生近缘杂草，从而形成对多种除草剂具有抗性的杂草。

转基因科学家认为这种杂草是基因漂流的结果，而基因漂流不是从转基因作物开始的，是历来就有的。如果没有基因漂流，就不会有进化，世界上也就不会有这么多种的植物。举例来说，小麦由A、B、D三个基因组组成，它是由分别带有A、B、D基因组的野生种经过基因漂流产生的。所以，“超级杂草”在生物进化史上可以看作一种新型生物种，以此来反对、禁止转基因作物是没有道理的。

不过，“超级杂草”对生态环境，尤其是农业生态环境的危害是有目共睹的事实。它不但令作物减产，也改变了周边地区植物种类的自然分布。由此带来的生态问题，目前也是无法估算的。另一方面，有人指出“超级杂草”的产生，也令转基因作物原本降低农药用量的优势荡然无存。按美国农业部公布的数据，“超级杂草”令转基因作物种植的农田作业成本提高了一倍多，农药用量超过了天然作物种植，种子成本大幅上升。此外，按照美国农业部的说法，美国人真正直接食用的转基因食品十分有限，转基因黄豆主要用于出口，转基因玉米主要用来喂牛，他们真正的主食——小麦都是传统作物。可见在如何支持转基因作物的开发上，美国政府也并非海纳百川，严防转基因作物侵入现有的农业生产系统和天然食品供应系统始终是他们的一个底线。

反基人士以及一些环保组织在转基因食品安全性方面也找到了一些证据。有实验证明，用转Bt基因食物喂养老鼠会诱发其肝肾异常，甚至搬运与加工转Bt基因作物的农民与工厂工人都会发生过敏性免疫反应，

影响他们的健康。还有报告称，喂食转Bt基因玉米的小鼠，繁殖能力会下降。此外，法国科学家发现转Bt基因毒素能够杀死人类肾脏细胞。加拿大科学家发现孕妇血液与胎儿中存在转Bt基因玉米毒素，即Bt蛋白。对此，欧洲越来越多国家禁止了转Bt基因玉米MON810的种植。这让人们不得不考虑转基因食物对人类的安全性问题。[注：Bt是苏云金芽孢杆菌（Bacillus thuringiensis）的缩写，因它所含的Bt基因具有杀虫效果好、高效等优点而成为应用最为广泛的杀虫微生物。Bt与其他芽孢杆菌相比，一个显著特点就是不仅能够形成芽孢，同时还能产生由杀虫蛋白组成的晶体。]

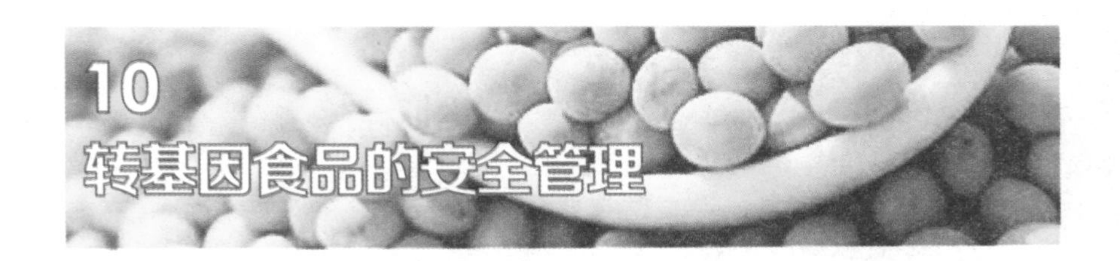

10 转基因食品的安全管理

针对纷至沓来的对转基因食品的质疑，世界各国态度不一。美国与加拿大规定转基因食品必须标注转基因食品标签，并实施了转基因食品的安全监管。我国早在1993，国家科学技术委员会就颁布了《基因工程安全管理办法》。1996年7月，农业部又颁布了《农业生物基因工程安全管理实施办法》，并于1997年开始受理在中国境内从事基因工程研究、试验、环境释放和商品化生产的转基因植物、动物、微生物的安全评价与审批，对转基因生物及其产品的商品化生产进行了严格的安全评价。至2001年，农业部已经受理了10批共700多项农业转基因生物安全评价申请，对促进我国农业生物技术研究的健康发展，维护我国民族生物技术产业的发展和转基因产品的安全，保护农业生态环境和人类健康起到了重要的作用。

△ 转基因食品的安全性

目前，对农业转基因生物实施安全管理已成为国际上的普遍做法。国际经济合作与发展组织（OECD）、联合国粮食及农业组织（FAO）、联合国环境规划署（UNEP）等国际组织都对转基因生物的安全性提出了明确的要求。比如，美国是通过农业部、食品与药物管理局和环保局的安全评价后才允许转基因作物商品化生产；欧盟是通过安全评价后才批准国内外的转基因产品投放市场；日本是通过农林水产省的安全评价后才准许转基因农产品进口。我国在安全评价中遵循的则是“个案分析”“实质等同性”“逐步完善”的原则等，实行的是标识管理制度，以使消费者有知情权和选择权。

尽管如此，有关转基因食品安全性的争议仍无法平息。不久前，我国工程院院士吴孔明曾就我国粮食生产现状出发直言不讳地指出：中国没有拒绝转基因的资本。随即，《经济日报》就刊文指出，许多转基因食品经过多年培育与大量人群的食用，没有发现食用安全问题。而在此前，关于转基因食品的安全性，许多基因生物技术研究方面的顶级人物都曾发表过言论，对转基因食品的安全性给予了肯定性的评价。尽管如此，人们对转基因食品的疑虑仍未消退，大多数消费者首先光顾的仍然是非转基因食品。究其原因，一是大多数消费者对转基因食品的技术原理并不清楚，因而不敢冒此风险。二是目前社会的商业道德滑坡，没有什么人可以放心大胆地相信商家的商品宣传，甚至连专家的鉴定都不愿相信。这大约就是目前人们对转基因食品的总体心态。

所以，转基因食品并不是有了相关部门的安全鉴定和专家的宣言就可以被广大消费者接受的，而是需要一个适应与过渡的时间。相信，那些对人类健康和经济发展有益的，且对生态环境和生物安全没有威胁的转基因产品，必会被广大消费者接受而成为日常生活重要的一部分。

△ 消费者的困惑

九 基因科学前景展望

基因经济神奇的发展速度，以及带来的巨大经济效益让人们深切地感受到基因工程发展的巨大潜力与空间。同时，基因经济的发展反过来也促进了基因技术的发展。自2003年科学家完成了基因科学史上里程碑式的任务——人类基因组图谱绘制工作以来，关于基因技术的研究并没有停下脚步，而是开启了以研究基因功能为主的后基因组时代。

1 走向后基因组时代

在前面的章节中，我们叙述过在人类基因组计划中，全球科学家联手攻关，破解人类基因组的奥秘，并绘制出四种基因图谱——遗传图谱、物理图谱、序列图谱与转录图谱，但这仅是对人类基因的阶段性认识，距离彻底揭开人类基因的奥秘还有相当长的路要走。

按科学家们描绘的人类基因组概况，人类基因组是由“有用”的基因与“无用”的基因混合而成的一个庞大的集合体，存在功能基因密集的“热点”地区和大片无用基因构成的“荒漠”。或者说，在染色体上有基因成簇密集分布的区域，也有大片的区域只有“无用DNA”——不包含含有极少功能基因的成分。在分布上，大约有1/4的区域没有有用的基因分布，并且在所有的DNA分子中，只有1%～1.5%的DNA能编码蛋白，98%以上的DNA序列都是被称为“无用DNA”的冗余序列，这些“无用的DNA”数量约为300多万个长片段重复序列。当然，这些重复的“无用DNA”序列绝不是无用的，它一定蕴含着人类基因的某种功能，或者可

能包含着人类演化和个体差异的信息，只是当时的人类基因组计划尚未包含这些研究内容，并且在当时的状况下，科学家们无暇他顾这一片浩瀚的“荒漠”。

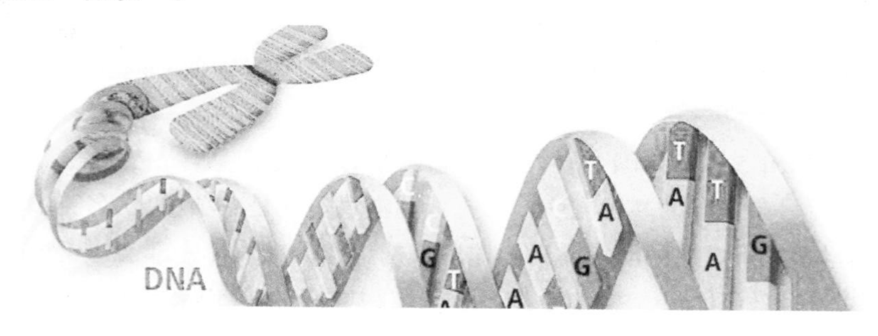

△ 生命密码

据人类基因组计划揭秘，人类全部基因约为35000多个，其中G+C含量偏低，仅占38%，而2号染色体中G+C的含量最多，1号染色体上基因最多，19号染色体是含基因最丰富的染色体，13号染色体含基因量最少等。人类基因组计划还表明人与人之间99.99%的基因密码是相同的，变异仅为万分之一，从而说明人类不同“种属”之间并没有本质上的区别等一系列常规问题。需要指出的是，在2003年人类基因组计划宣布完成之时，仍有9%左右的碱基序列未被确定。在所定位的26000多个功能基因中，约有42%的基因功能尚未得到确认。而26000多个功能基因大约只是线虫或果蝇的两倍左右。这种数目上的对比，似乎从侧面反映出了基因组的大小和功能基因的数量在生命进化上可能不具有特别重大的意义，也可以理解为人类的基因较其他生物体的基因在功能上更“有效”。这将对我们目前所形成的基因认识上的许多观念构成重大挑战。同时，科学家们也认为，这种不同也为后基因组时代生物医学的发展提供了新的非凡的机遇。

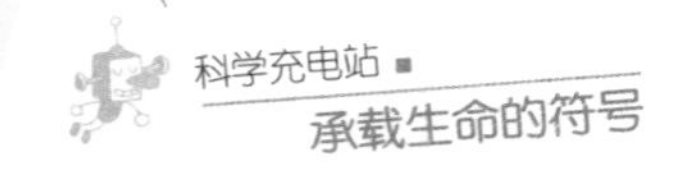

2 后基因组时代的两大学科

2006年5月，英国《自然》杂志网络版发表了人类最后一个染色体——1号染色体的基因测序工作完成的消息。这是一项由150名英国和美国科学家组成的团队历时10年才完成的工作。在人体全部22对常染色体中，1号染色体包含的基因数量最多，是常染色体平均水平的两倍，共有超过2.23亿个碱基对，破译难度也最大。

在宣布1号染色体上的基因测序完成之时，有科学家声称，在所有宣布的人类基因组计划完工的公告之中，所公布的均不是破解人类基因组密码的全本，美国与英国科学家最终破译的人类基因组1号染色体才代表着科学家所探索的“生命之书”的最终完工。由此，人类基因中99.99%的密码公之于众，并使研究方向正式过渡到以研究功能基因为主的后基因组时代。

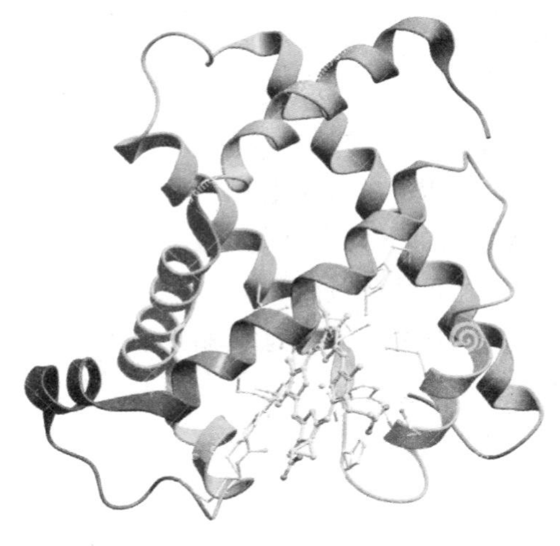

△ 蛋白质——后基因时代的宠儿

简单地说，所谓的后基因组时代就是人类基因组计划完成之后的基因研究计划或研究进展与研究方向。一般来说，人类基因组的研究成果大体上属于结构基因组学，在完成了人类基因测序以后，基因研究面临着新的突破即对功能基因的分析与研究。这种研究必须借助于两大学科，一是生物信息学，二是计算生物学。这两大新兴学科所研究的具体方向就是对基因组多样性、遗传疾病产生的原因、基因表达与调控的协调作用以及蛋白质产物的功能等。从这一点出发，可以说人类基因组研究的目的不只是为了读出全部的DNA序列，更重要的是读懂每个基因的功能，真正对生命进行系统的解码，从而达到从根本上认识生命的起源以及个体间的差异的原因，了解疾病产生的机制以及衰老、死亡等人类最基本的生命现象。所以，后基因组时代基因研究的重要性较人类基因组计划有过之而无不及。

在这个过程中，为了完成对所测定的庞大的基因数据进行存储与处理，科学家们制作了计算机处理软件，并由计算来对比与分析所测基因的功能与特性，由此形成了生物信息学这门新学科。它的研究重点主要体现在基因组学和蛋白质组学两方面，具体说就是从核酸和蛋白质序列出发，分析序列的表达结构和功能等信息。

此外，在后基因组时代发展起来的计算生物学试图完成的任务是找到人类基因组中约3万个基因的表达与调控规律。在这方面所取得的成就就是已经发展出一套完全适合基因序列分析的计算机分析方法。目前，这种计算方法已广泛地应用于药物研发与设计。

生物信息学与计算生物学构成了后基因组时代基因研究的整体概貌，并由此发展出一种全新的生物技术——生物芯片技术，且得到了广泛的应用。

3 基因芯片技术的诞生

生物芯片是随人类基因组计划的发展而发展起来的新型技术，也是20世纪90年代中期以来影响最深远、最具科学价值的重大科学技术之一。我们通常所说的生物芯片包括基因芯片、蛋白质芯片、细胞芯片、组织芯片，以及元件型微阵列芯片、通道型微阵列芯片、生物传感芯片等主要类别。在技术上融合了微电子学、生物学、物理学、化学、计算机科学等学科，是典型的高度交叉与综合的高新技术。

△ 基因芯片

我们所要探讨的基因芯片是生物芯片中的一种，在技术应用上与其他芯片大同小异，其应用原理是采用光导原位合成或显微印刷等方法，将大量DNA探针片段有序地固定在支持物的表面，然后与待检测的生物样品中的DNA分子进行杂交，再对杂交信号进行检测分析，从而得出该样品的遗传信息。所谓基因探针只是一段人工合成的碱基序列，在探针上连接一些基因芯片可检测的物质，根据碱基互补的原理，利用基因探针识别基因混合物中特定的基因。

基因芯片这一思想是在人类基因组计划的早期提出来的，主要是因为当时的基因测序人员感觉到传统的基因测序方法不够快，难以在规定的时间内完成人类基因组那样庞大的基因数量的测序工作。所以，基因芯片诞生的最初动因主要是用来研究基因的序列与结构，这也是人类基因组早期工作的主要内容。

按照人类基因组早期的工作特点与目的，只有寡核苷酸符合这种要求，因此早期的基因芯片主要是寡核苷酸芯片。其制作方法是参照已知的基因序列，在载体上设计与合成成千上万种寡核苷酸探针，并与经荧光或放射性标记过的DNA样品进行杂交。如果两者的碱基完全匹配，则结合的比较牢固，杂交的信号也较强；如果有单个或多个碱基错配，则信号较弱。如果寡核苷酸芯片的密度足够高，则可以用来对基因数量较多的基因组进行测序。此外，高密度寡核苷酸芯片的另一个重要用途是筛查基因组的多态性，尤其是单核苷酸的多态性，这不仅为基因的鉴定与定位带来方便，还可以探索与研究核酸变异对外界刺激的敏感性，这有助于为疾病的预防与个体化治疗提供遗传学基础。

基因芯片技术为后基因组时代的基因功能研究提供了核心技术支持，在国内外都得到了较大的发展。绝大多数的基因芯片被用于DNA的测序、基因表达、基因诊断、药物筛选、给药个性化等研究。特别是在生物制药方面，基因芯片的应用，为生物制药开拓了广阔的空间，具有十分重要的意义。

4 基因芯片的几种主要类型

后基因组时代对功能基因的研究成为基因研究的主要核心，应用传统的直接测序手段来了解功能基因既费时，又费力，且效率低下，而应用基因芯片来检测基因表达水平则十分方便，一次实验就可以分析成千上万种基因的表达情况，大大提高了基因表达研究的效率，从而可以更进一步地研究功能基因的表达与定位等一系列问题。例如，在20世纪80年代，一个传统的生物学实验室中手工测定十几个DNA片段的序列（合约4000个碱基对）需要至少一天的时间。现在使用自动化的序列分析仪，可以在一天内测定近2000个DNA序列（合约70万个碱基对）。而不久前还有一种不成熟的生物芯片在15分钟内即完成了1.6万个碱基对的测定，96个这样的生物芯片同时工作，就相当于每天1.47亿个碱基对的分析能力。两种方法的测定速度简直有天壤之别。

目前，经过不断地研究与改进，基因芯片主要分为三种类型：一是固定在聚合物基片（尼龙膜、硝酸纤维膜等）表面上的核酸探针或cDNA片段，通常用同位素标记的靶基因与其杂交，通过放射自显影技术进行检测。这种方法的优点是所需检测设备与目前分子生物学所用的放射自显影技术相一致，且

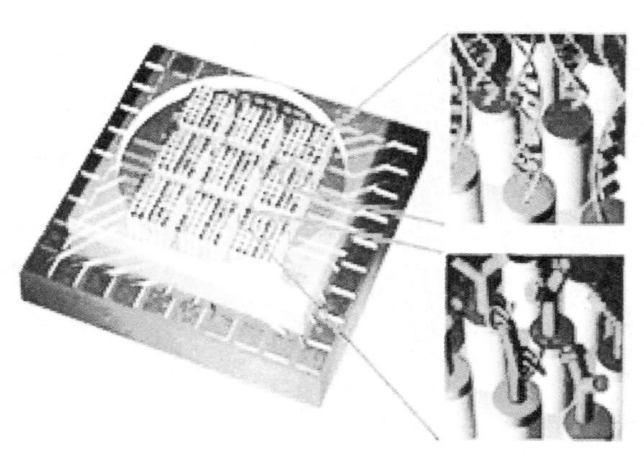

△ 基因芯片上的探针

比较成熟。但芯片上探针密度不高，对样品和试剂的需求量大，定量检测时仍存在较多问题。二是用点样法固定在玻璃板上的DNA探针阵列，通过与荧光标记的靶基因杂交进行检测。这种方法点阵密度可有较大的提高，各个探针在表面上的结合量也比较一致，但在标准化和批量化生产方面仍有不易克服的困难。三是在玻璃等硬质表面上直接合成的寡核苷酸探针阵列，通过与荧光标记的靶基因杂交进行检测。该方法把微电子光刻技术与DNA化学合成技术相结合，可以使基因芯片探针的密度大大提高，减少试剂的用量，能够实现标准化和批量化大规模生产。这一类型的基因芯片有着十分巨大的发展潜力。

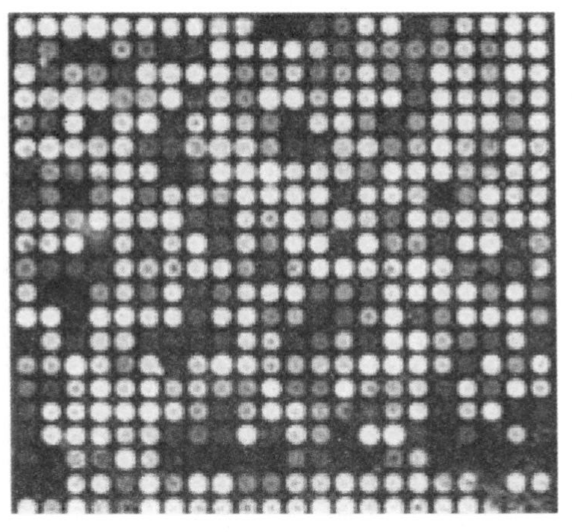

△ 基因表达谱芯片

在商业化应用上，基因芯片技术的一个重要应用就是药物研究。比如，毒性化合物总会直接或间接地影响到基因的表达水平，利用基因芯片得到已知毒物与待测毒物作用后的基因表达谱（信号），并将两者进行比较就有可能得到待测毒物的毒性线索及作用机理，并找到对付这种毒物的办法。

基因芯片也可以用来检测细胞、模型动物以及人体组织对天然或合成化合物的毒性反应，从而为临床药物的开发找到捷径。在这方面，美国已经开发出包含1200种人类基因的用来检测化合物毒性的芯片，且正在开发包含12000种人类基因的毒性检测芯片。总之，随着现代微制造技术的发展，基因芯片技术容纳信息的也越来越多且日趋微型化，人体所有的约3万个功能基因有望集成在一块厘米见方甚至更小的芯片上。相信在不久的将来，基因芯片将会在生命科学领域带来一次新的技术革命。

5 基因芯片商业化应用现状

基因芯片以及其他生物芯片的重要功用及其高速发展的态势，让世界清楚地看到其潜在的商业价值。早在1998年，美国就宣布正式启动生物芯片计划，以推进其产业化的发展。之后，世界各国也先后启动了生物芯片计划，且带动了以它为核心的相关产业的发展。以美国为例，目前美国已有数十家生物芯片公司上市募资，有近3000家公司涉足基因芯片产业，有近100家公司已进入基因芯片的实质性开发与产业化发展阶段。据一份《2012—2016年中国生物芯片产业市场竞争力分析及投资前景研究报告》统计与估算，2000年时，全球生物芯片市场仅为120亿美元，到2010年时，仅美国用于基因组研究的芯片销售额就达400亿美元，这还不包括用于疾病预防及治疗等其他领域中的基因芯片消费，这部分要比用于基因组研究的数额还要大上几十倍。

△ 基因芯片检测仪

抛开基因芯片的商业化生产与消费，仅就生物芯片技术的发明对社会以及生物科学的影响来说，诚如美国《财富》杂志1997年载文指出的那样，在20世纪科技史上有两件事影响深远，一是微电子芯片，它是计算机和许多家电的心脏，它改变了我们的经济和文化生活，并已进入到每一个家庭；另一件事就是生物芯片，它将改变生命科学的研究方式，革新医学诊断和治疗，极大地提高人口的素质和健康水平。

在世界各国争相启动生物芯片计划的浪潮中，我国的生物芯片产业也开始起步。1998年10月，中国科学院将基因芯片列为“九五”特别支持项目开始。经过十几年的发展，我国在生物芯片领域已取得重要突破，初具实力的科研单位如军事医学科学院、清华大学、北京大学、上海生命科学院等都取得了可喜的成果，特别是上海生命科学院胡赓熙博士和他的实验室研创的cDNA阵列的规模处于亚洲第一、世界第二的地位。

基因芯片技术的迅速发展和应用已引起各方面的广泛关注，许多国家或大型跨国公司都在大力开发和应用此项技术，在制作、检测设备及计算机软件等方面均投入了大量的人力、财力和物力进行研究和开发。可以预见，随着研究的不断深入和技术的不断完善，基因芯片将像DNA分子技术那样成为现代生物学的象征，它将从根本上改变目前生物学和生物技术的观念，将是继大规模集成电路之后的又一次具有深远意义的科学技术革命。

△ 各种生物芯片

在前面的章节中，我们介绍了后基因组时代基因工程的主要研究方向，以及后基因组时代的两大学科生物信息学与计算生物学。

△ 后基因时代

其中，生物信息学又划分为基因组学和蛋白质组学两大方面，并衍生出结构基因组学、功能基因组学、比较基因组学、蛋白质组学、药物基因组学、肿瘤基因组学、分子流行病学和环境基因组学等，并成为系统生物学的重要组成部分。

计算生物学又与化学生物学、合成生物学共同构成了系统生物学与系统生物工程的实验数据、数学模型与工程设计的方法体系，极大地促进了系统生物科学的发展。目前所采用的数学研究方法主要有统计学方法、信息论方法、集合论方法、仿生学（或人工智能）方法、语言学分析方法和其他一些广泛用于数据挖掘和知识发现的具体方法。

目前而言，在总体上生物信息学与计算生物学在研究对象与研究方法上已无显著差别，这两大学科已在基因与蛋白质的计算机辅助设计、比较基因组分析、生物系统模型、细胞信号传导与基因调控网络研究、数据库、生物软件等许多领域得到发展与应用。

从未来生命科学的发展来说，这两大学科既是当今生命科学和自然科学的前沿领域，同时也是21世纪自然科学的核心领域。在未来的研究与应用中，破译基因的结构与功能，以及它们所包含的生物信息都离不开这两门学科。

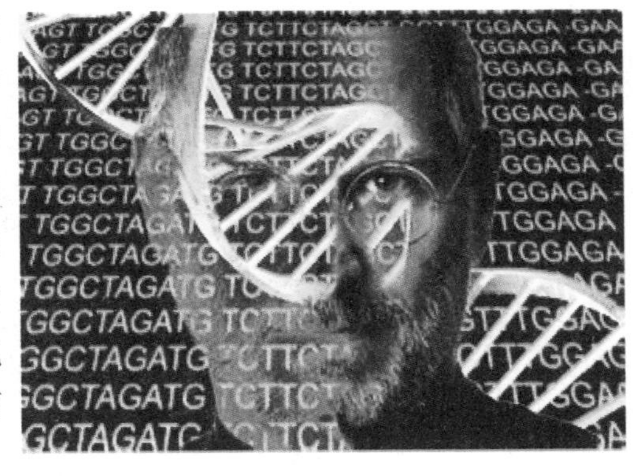

当然，目前生命科学的研究距离揭开生命的奥秘还有很大的距离。同时，生物信息学也还面临着严峻的考验，这种考验主要来自于对海量生物信息的分析，主要包括：数以亿计的ACGT序列中包含着什么信息；基因组中的这些信息怎样控制有机体的发育；基因组本身又是怎样进化的等一系列基因科学前沿性问题。这些问题也是生物信息学及计算生物学的重要突破方向。

此外，生物信息学所面临的又一个重大挑战就是如何从蛋白质的氨基酸序列预测蛋白质的结构。对此，诺贝尔奖获得者W. Gilbert在1991年曾经指出："传统生物学解决问题的方式是实验。现在，基于全部基因都将知晓，并以电子可操作的方式驻留在数据库中，新的生物学研究模式的出发点应是理论的。一个科学家将从理论推测出发，然后再回到实验中去，追踪或验证这些理论假设。"从目前的基因测序技术水平来说，测定构成蛋白质的氨基酸序列并不是难事，而从构成蛋白质的氨基酸序列来预测蛋白质的空间结构则仍是一个巨大的难题。破解这一难题，也并非单是生物学家的事，它也许需要各类科学家的通力合作，需要几代人的不懈探索。

从生物信息学的基本出发点来说，它的基本目的是期望从基因序列上解开一切生物的基本奥秘，从结构上获得生命的生理机制，期望从分子层次上解释人类的所有行为以及患病的原因。这在一定程度上将生命的奥秘归结于种种结构，这一假定方向正确与否，还有待未来给予验证。这种尝试类似于人工智能在早期发展中表现出来的乐观行为，当然这种企盼也来自于早期分子生物学、生物物理和生物化学的成就。然而，从本质上来讲，其与人工智能的研究相似，它们的基本特点都是希望将生命的奥秘还原成孤立的基因序列或蛋白质的功能，而很少强调基因组或蛋白质组作为一个整体在生物体中的调控作用。一旦将基因组数以亿计的基因信息摆在研究者的面前，其分析与整合的能力往往相形见绌。因此，我们也不得不思考，这种研究的最终结果是否能够支撑我们对生物信息学的乐观预期？也许，现在做出肯定的回答还为时尚早。

从实际应用方面来说，基因技术有望在短期内有所成就的是药物设计方面的实用研究。人类基因工程的目的之一就是要了解人体内约10万种蛋白质的结构、功能，它们之间的相互作用以及与各种疾病之间的关系，并从此出发寻求各种预防和治疗的方法。而基于生物大分

△ 靶向药物

子结构及小分子结构的药物设计是生物信息学中极为重要的研究领域。为了抑制某些酶或蛋白质的活性，可以在已知蛋白质结构的基础上，利用计算机设计抑制剂分子，并作为候选药物。由此而言，这一领域的研究与发展的目的之一就是发现并设计新的药物。在这一方面，任何一个研究成果的问世都将带来巨大的经济效益。

△ 基因科学任重道远

总的来说，作为基因科学未来发展的代表性学科——生物信息学似乎并不足以乐观。归根到底，生物信息学是基于分子生物学与多种学科交叉而成的新学科，而目前的学科发展仍表现为各种学科的简单堆砌，并且各学科间的相互联系并不是特别的紧密，尤其在处理大规模数据方面，还没有行之有效的一般性方法，这使得生物信息学的研究在短期内很难有突破性的成果。而生物信息问题，最终似乎并不能单从计算机科学中得到，真正解决这些问题还要从生物学自身的发展中获得。毫无疑问，在破解生命奥秘的征途上，正如一位科学家所说："人类的DNA序列是人类的真谛，这个世界上发生的一切事情，都与这一序列息息相关。但要完全破译这一序列及其相关的内容，我们还有相当长的路要走。"

十　基因工程与人类的未来

人类基因组计划的完成以及基因技术的不断发展，使人们对生命的理解也在不断加深，而基因技术左右生命的力量也让人不由自主地思考基因工程技术的应用与人类的未来。

1 人类文明的历史演变

△ 文字的发明

生命的诞生是自然界孕育的结果，不论是神创论还是科学推测中的生命诞生过程，都是在一定的自然物质前提进行的。所以，人类的诞生也是一种物质现象，是物质演化的一种形式。而人类之所以成为人类，文明是一个主要特征。

人类文明始于文字的发明，而文字的发明与使用在时间上最长不过七八千年，而这几千年对于人类历史来说，大约只占百分之一左右。举例来说，中华文明的历史有五千年，可是我们知道史前时代，就有许多不同的民族散居在我们脚下的这片土地上，如北京人、蓝田人，他们生活的年代距今约有四五十万年。由此而言，史前时代之所以未形成文化，主要是因为未形成文字来记载他们的历史。也就是说，人类自诞生以来，绝大部分时间内都处于蒙昧时代，而文字的发明，

则代表着人类文明的开始，或者说人类的文化始于文字的出现。

而文字的出现所代表的人类文明的开始则意味着人类的生存已形成了种种习俗与规范。这些习俗与规范也可以看成是人类文化的原始起源。从此出发，人类社会历经原始文明、农耕狩猎文明、近代的工业文明和现今的生态文明阶段。在人类文明的每一个阶段都具有相应的特征，生态文明阶段是人类与自然实现协调发展的过程，是筑建在知识、教育和科技高度发达的基础上的文明阶段，强调自然界是人类生存与发展的基石，明确人类社会必须在生态环境的基础上与自然界发生相互作用、共同发展。因而，人类与生存环境的共同进化就是生态文明，这使得它不再是一个纯粹的人类文明发展阶段，而是关乎人类与生态环境和谐发展的全面的复杂的系统，是一个可持续发展的系统，是一个进化的开放系统。它的理论与实践基础直接建立在工业文明之上，是对工业文明以牺牲环境为代价获取经济效益进行反思与修正的结果，当然也是传统工业文明发展观向现代生态文明发展观的深刻变革。

所以，生态文明的一个重要方面就是要求人类通过积极的科学实践活动，充分发挥自身的理性调节与控制能力，预见自身活动所必然带来的自然影响和社会影响，随时对自身行为做出控制和调节，以达到人与自然的和谐相处。这是当前乃至未来人类文化的一个特点和精华所在。

△ 人与自然和谐相处

2 伦理道德文化是人类文化的核心

以生态文明为总体特征，进一步总结人类文化的主要内涵，大体上可以划分为伦理道德文化、科学技术文化、社会管理文化、思想哲学文化、历史文化、艺术与体育文化六大主要方面。这种划分主要是建立在人类在生存与发展中创造与形成的种种精神与思想方面的成果以及行为方面的规范，是建立在科技发展水平基础上的。当然，人类文化也可以简单地归结为人类物质文化与精神文化两大方面。而不论如何划分，人类文化所表征的只能是人类的生存状态或存在特征。所以，人类文化也是人类的生存文化。

客观地说，人类文化是随着社会发展而进化的，是人类群体为了寻求最佳生存方式或最佳精神境界而形成的种种约定俗成或通过社会规范来约束的种种生存取向，以及所创造的种种物质层面或精神层面的成果。它既有物质层面的文化内涵，也有精神层面的思想要求。更进一步来说，人类文化的种种内涵也是人类社会运行与发展的基石，没有这个基石，人类社会也将回到蒙昧时代。

△ 伦理道德文化

在人类文化所包含的这些方面

中，伦理道德文化是基础，是人类社会形成历史最久，最具约束力的规范，也是最一般、最普遍、最广泛地联系人与人之间关系的一切行为方式及其习惯的文化。其内容十分丰富，上至人类生存的最高精神境界，下至最为普通的人际关系都有伦理道德文化的影子。

△ 儒学创始人——孔子

作为人类生活中最基础的文化，伦理道德文化的作用是通过伦理道德文化精神的浸润、交流、融汇，使人的群体生活有序化，同时将人与人之间的关系紧密地连接起来。这种伦理道德文化精神的连接 ，带有习惯性、连续性、自觉性，在法律未产生之前，还有一定的强制性。因此，伦理道德文化具有很普遍、很广泛的约束力。比如，在人类早期，常是近亲通婚（血缘婚），但实践中人们发现，近亲通婚影响生育的质量。于是人们渐渐远离近亲通婚，这种行为慢慢地实践并固定下来，便形成了关于生育方面的伦理道德文化。

由此，我们也可以说，伦理道德文明是人类社会文明的基础文明。人类千百年来累积下来的生存智慧，以及建立起来的生存秩序，完全体现在伦理道德文明之中。没有伦理道德文明，而只有科技等其他文明，这样的文明结构是不稳定的。而大到人类社会的发展方向，小到人类个体的行为，都将受到伦理道德的审视、评价与规范。在这一点上，无形无相的伦理道德宛若一道无形的防线，一旦受到挑战，必然会爆发出惊人的力量。

3 基因科学的发展与人类文化的冲突

归根到底，伦理道德不是凭空产生的，而是在人类不断发展与探索中产生的，是根源于人类寻找最佳生存状态而产生的生存理念，是人类千百年来经验的累积与铭记。因此，伦理道德也是沉淀在人类精神世界最底层的种种规范。这种规范一旦受到挑战就会本能地爆发出反抗的力量。

那么，如何理解基因科学的发展与人类文化产生的这种冲突呢？更确切地说，是基因技术的某些应用比如克隆动物或克隆人等不符合人类的生存文化以及生物存在的自然原则，而解决这种冲突的唯一出发点就是从人类永续性的角度出发，唯有如此才符合人类的整体利益。

大家都知道，科学是人类发展的风向标，没有科学的发展，也谈不上人类的发展。所以，科学要发展，基因科学更要发展。而这种发展的唯一目的只能是为人类服务，而不是危及人类的生存，更不是颠覆人类几千年积累的优秀文化。

从本质上来说，人类的生存文化所反映的不但是人类的生存方式，也反映着自然与生命共同发展的基本原则。为什么这么说呢？主要原因有二，其一是生物的存在是自然演化的结果，其本身也反映着自然规律。人类的生存文化也是由人类在社会生活中的点滴经验积累而成的，过程本身反映着生命的存在之理。进一步来说，生物的每一个基因都是符合自然原则的，而基因改造违背了生物的这种自然原则。所以，在未能解释清楚生物“为什么这样”之前，将生物“改造成这样”必然会冒巨大的风险。这种风险的严重性有可能毁掉一个生物族群或改变整个生物链，进而威胁到人类的安全。

其二，人类的生存文化也是一种系统性平衡的表征。基因技术的“助优汰劣”式的应用，在某种程度上打破了这种系统性的平衡。我们必须清楚地认识，自然界经数十亿年建立起来的生命秩序必然有其内在的根本原因。在基因科学还不能从系统的角度对此做出解释之前，对生物的基因改造是否会造成生物进化方面的“蝴蝶效应”，谁也没有答案。因此，就目前基因科学发展水平的前提下进行的生物基因改造，可以说是“盲目”探索，其后果和风险也很难评说。

此外，人类文化还反映着人类存在的自然真理，体现着生命存在的自然原则。应用基因技术对生命进行改造时，首先必须尊重人类伦理道德文化，只有这样基因科学才能健康发展。

4 伦理道德文化与基因科学的关系

那么，基因科学应如何发展呢？首先，基因科学的发展以及基因技术的应用要以生物安全为首先目标。在不能对某种生物为什么缺乏某种优秀基因，某种生物为什么会有某种优秀基因做出科学解释之前，对生物的基因改造特别是基因育种要持审慎的态度。

其次，基因科学发展的目的与价值并不在于创造新物种，而在于如何更好地为人类服务。在这一角度来看，发展较快、前景广阔的当数基因技术在基因治疗、组织再生等方面的应用。

再者，基因科学发展的职责在于从基因的角度揭示生命的奥秘，解释“生命为什么这样” 这个重要问题。目前而言，基因科学对单个基因的功能的认识已达到了很高的水平，但对多基因共同作用的研究还很肤浅。这也是当前基因科学正在突破的一个方向。

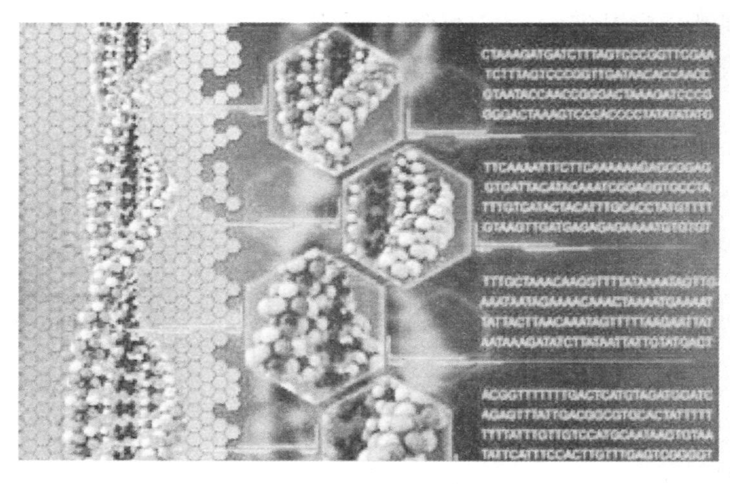

△ 生命的奥秘

总的来说，人类生存文化来源于人类千万年来的生活经验累积，而基因科学所探索的是构成生命的本质原因。用发展的眼光来看，人类文化与基因科学两者之间存在着一种相互促进与相互制约的关系。

△ 优生优育

一方面，人类文化既对基因科学有着本能的约束力，也对基因科学有着积极的促进作用。比如，人类形成的伦理道德观念会对基因技术的非道德应用起到约束作用，而人类文化中对生命本质孜孜以求的探索促进了基因工程的发展。

另一方面，基因科学也会为人类文化增添新的内涵。比如，基因技术为人类的优生优育，以及身心健康具有指导和治疗作用，并由此滋生了新的生活理念以及新的生活模式等。

此外，从人类文化与基因科学的发展来说，尽管两者存在的层面不同，但最终的目的是一致的，就是为了人类的健康发展。从这一点出发，人们理应支持基因科学在正确方向上的发展，约束并限制基因技术的非道德应用。

总之，自基因技术问世以来，它在不同领域的应用及其对人类生活的影响，无时无刻不在牵动着人们的目光，而且它在诸多方面的发展速度与发展前景远超人们的想象。随着人类基因组计划的实施以及研究成果的不断发布，基因科学家们为人们描绘的基因技术的许多前景简直让人热血沸腾，比如通过基因重组来消灭遗传病；基因技术可以让人活到500岁；应用基因技术进行体外组织培育，替换人体衰老或损坏的器官以达到长生不老的目的等。

5 从基因工程看人类的未来

对于许多人来说，基因科学家展示给人们的最令人兴奋的就是长生不老的话题。曾有人设想，如果能将“衰老基因”人为地往后“调拨”，则可能将人的寿命延长至500岁。对此新闻记者曾在2001年采访过国家人类基因组南方研究中心基因组测序部主管。他认为，如果真的这样做，可能会以另一种基因的损失作为代价。与这种说法相近，在这方面的确有科学家做过实验，研究人员曾经将线虫身上与衰老有关的基因“调拨”，结果致使该线虫在生命被延长的同时，始终处于一种昏睡状态。可见“长生不老”不是一个简单的基因问题。

2005年11月，“人类基因组单体型图计划（HapMap）”（中国继人类基因组计划之后所参与的又一个重大国际型项目）中国部分的负责人曾长青接受了记者采访。他介绍道：HapMap项目的研究成果为科学家研究疾病与致病基因之间的关系打下了关键基础。科学家可以根据HapMap排查出其可能存在差异的位点，总结出其中的遗传规律，达到预测、诊断、治疗疾病的目的。在这方面，HapMap就像一张数学用表一样，任何人都可以查阅。通过与HapMap进行对比，人们就会很容易找到是哪个部位的基因发生了变异。

此外，在基因科学家们的设想中，在人类未来的发展中，基因工程的作用将越来越重要，主要表现在基因技术将在疾病诊断与治疗、体外器官培育与移植、优生优育、基因育种、基因工程制药等领域继续得到发展与应用，并扮演极其重要的角色。

与基因科学家们比较切合实际的乐观设想不同，国外一些科幻作家、未来学家以及其他领域的科学家对基因科学在人类未来发展中扮演的角色极尽奇思怪想。比如，好莱坞科幻影片《谍影重重》中，美国中

△ 绿巨人

情局秘密培养一批强大杀手。他们通过持续服用一种特殊药物来改变身体机能，能够独自攀越雪山，执行暗杀任务，且头脑冷静、不受感情支配。由于计划泄露，其中一名特工药物供应中断。但却在一名科学家的帮助下，冒险采用病毒感染的方法，使这些超能力永久固化在体内。其原理是病毒改造了他的基因，使药效变得一劳永逸。因病毒感染而具有超能力在好莱坞的科幻片中有很多，比如《蜘蛛侠》《绿巨人》等都有与《谍影重重》相似的情节。

对此，中国科学院武汉病毒研究所原所长、科普演讲团副团长何添福曾发表看法认为，目前人类已知的病毒种类估计不足总数的1%。病毒的特性决定了它的确是进行基因改造的最有效手段。目前，已有很多利用病毒造福人类的技术。从这个角度来说，未来人类想变得更强大，真的可能只需要“感染病毒”。

6 近于“荒诞”的想象（一）

关于人类的未来，国外一些科幻作家、未来学家以及一些科学家还有一些近于“荒诞”的想象。据外国媒体报道，在以基因技术为背景的想象中，至少设想了以下几种人类的未来：

⚠ 未来人类重回丛林

1. 人类无法阻止基因变异导致的退化，这种退化可能导致人类重新设计自我，直到使人类退化至不再是“高级动物”。这种设想可以理解为一种自相矛盾的超级“卢德主义”，即人类的进步不是以人的能力的提高来衡量，而是由人类的回归自然来衡量。最终目标将是文明的结束，人类返回到丛林。

2. 基于对人类应对气候变化和其他生态灾难的担心，从而提出的人类应主动改造自我以更好地与地球和睦相处。比较有代表性的是哲学家马修·廖、安德斯·桑德伯格和丽贝卡·罗彻发表的一篇题为《人类工程和气候变化》的文章。文章指出，人类应该采取一些特别的措施，比

如发明药物使人类对肉类产生恶心感，从而减少对肉类的食用，因为肉类生产对环境造成了极大的危害；通过基因工程来改造眼睛让人类拥有猫眼，这样人类在夜里也能看得见，就能减少对夜间照明设备的需求；通过基因改造使人类的体型变小，以减少我们的碳需求，他们建议男人的体型减小21%，女人的体型减小25%。

3. 构造转基因人类。在动物王国中，许多动物都具有人类所不具备的某种特长，比如狗的听力和嗅觉都比我们强得多，猫在黑暗中也能看得见物体，一些灵长类动物比我们人类的记性更好，鸟类有非常好的视力。转基因技术可以让人类借用动物的这些优点来改变自己。

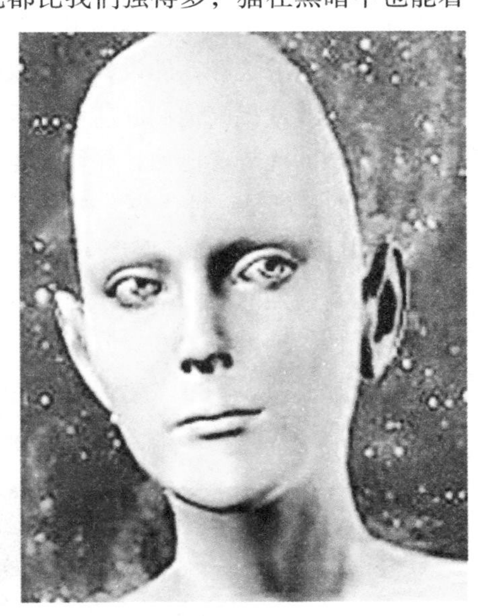

⚠ 百万年后的人类会是什么样呢？

4. 人类进化的结果——头脑发达，四肢萎缩。持这种推想的是英国著名科幻作家赫伯特·乔治·威尔斯，他在他的科幻小说《百万年的人》中指出，人类对技术的依赖越来越高于对身体的依赖，这种趋势导致人们对大脑的依赖增多，按达尔文的进化论，如果物理特性没有得到不断加强，就会开始消失。由此，人类在遥远的未来有可能变得头脑发达而四肢萎缩。

5. 基于先进的计算机控制下的生殖技术，人类的生物性别将产生深刻的变化，不再是传统意义上的有性人。这种设想的理由是基于人体电子化的发展潜力，未来人类的生物性别将消失，取而代之的是每种性别的最佳特性集于一身的生物，或更为激进的可能性是创造全新的生物性别，或无定形的性别特征，这意味着那时的人类可以随时改变性别。

7 近于“荒诞”的想象（二）

6. 基因技术的发展，完全可以消除自然生育的种种缺憾而达到设计生命的水平。这意味着基因组学等辅助生殖技术可能让未来的夫妇参与新生儿性状的选择，即设计婴儿或在婴儿出生后通过先进的体细胞基因治疗来修改或提高他们的遗传素质，从而争取并获得某种天赋，达到在某一领域的优势。比如，在篮球运动中，身高是一种优势；游泳运动中，四肢的长度是一种优势。这些优势可以通过修改基因而获得。

7. 基因技术可以创造太空人。目前而言，人类尚难以适应太空中的失重状态与强烈的太阳辐射，但人类的太空梦让人们对太空人有了种种猜想。比如，纳米技术专家罗伯特·弗雷塔斯提出的一项计划指出，切除人类的肺，使人类不需要呼吸空气就能生存。美国发明家、未来学家雷·库兹韦尔推测，未来人类将不需要食物，而是配备纳米机器人为我

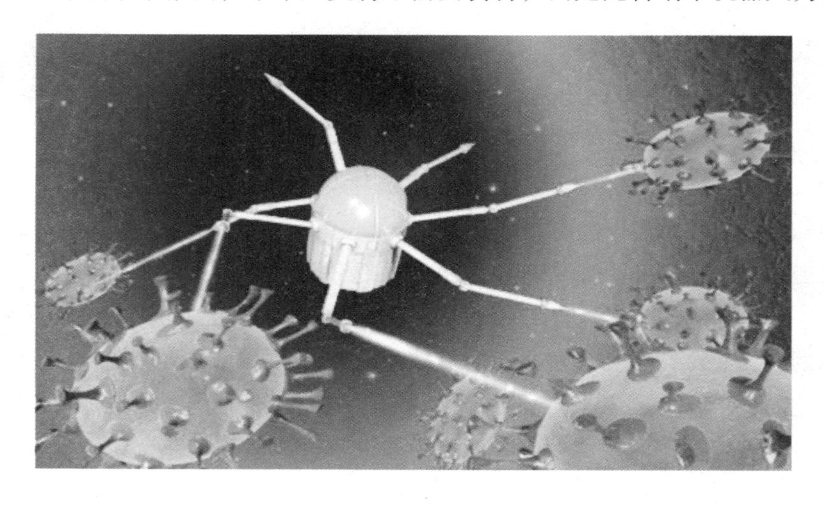

⚠ 摧毁癌细胞的纳米机器人（艺术图）

们的细胞提供能量。基因组先驱温特甚至提出，发明先进的内耳，使人类不会得晕动病（指晕船、晕车、晕飞机），通过骨组织再生和DNA修复使人类不惧辐射。他还建议，使我们的身材变小，有更高的能源利用率，无毛发。还有一些人推测，人类将变成身材瘦长的像章鱼一样的生物，可以滑行，能够更适应失重的环境。

8. 人机意识传导。在无奇不有的有关人类未来的想象中，人机意识传导也许并不算是科幻作家或未来学家独有的想象。所谓人机意识传导，指的是人的意识可以转化为计算机的“意识”，说白了就是人类有什么样的意识，就可以通过“传导”而让计算机也有这样的“意识”。或者说，计算机芯片可以与人的脑功能相连接。事实上，这也是将某种芯片嵌入人脑，使人类不经学习就可以获得知识的设想的一种翻版。而实现这个设想的途径，则离不开基因芯片技术。不过，这个设想也许并不那么荒诞，因为已有人开始朝着这一方向进行研究，并取得了一定的成绩。

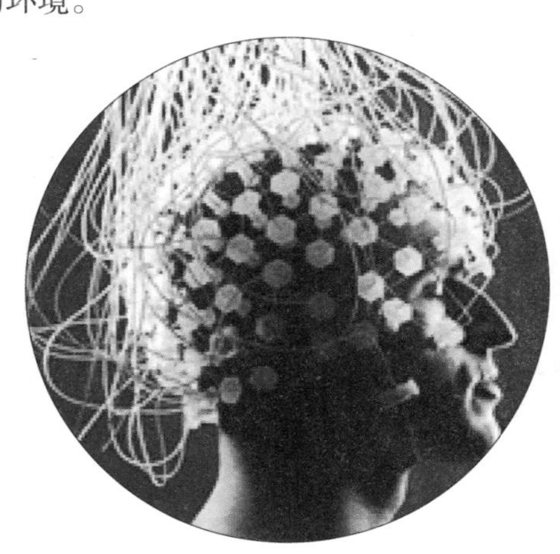

△ 人机意识传导

在以上几种以基因技术发展为背景的对人类未来的想象中，并非完全是幻想。它们当中有些是完全出自于对基因技术有深刻理解的科学家，这些设想也许并不代表人类的未来，但不排除存在这种可能性。由此而言，基因技术与人类的未来息息相关，是拯救人类还是毁灭人类，仍是一个悬而未决的谜题。

后　记

基因工程是生物科学的前沿领域，也是与生活密切相关的科学，系统地总结基因工程的发展与现状，对人们理解基因工程对生活的意义十分重要。可以说，基因工程与每一个人都息息相关，而每一个人都有对基因工程发展与应用状况的知情权，也都有对基因工程发展方向的评价权。因而，系统地总结基因工程发展历程与发展现状并奉献于读者是一项很有意义的工作。

在本书即将付梓之际，特别感谢吉林大学温剑平教授在本书写作过程给予的支持与指导。

此外，缘于时间仓促，水平有限，本书的写作难免会有疏漏与不足，在此诚请专家与学者斧正！

江可达